四川湿地水鸟手册

周材权　主编

科学出版社
北　京

内 容 简 介

湿地被誉为“地球之肾”，是地球上最重要的生态系统之一，具有调蓄洪水、调节气候、净化水体和保护生物多样性等多种生态功能，其资源的保护和开发利用越来越受到世界各国的重视。湿地鸟类是评价湿地环境质量的重要指标之一，对维持湿地生态系统稳定等方面具有重要的作用。本书基于长期实地调查，结合四川省湿地和湿地鸟类资源的相关文献，收集了大量的四川省湿地景观和湿地鸟类的信息和图像资料。对四川省湿地鸟类进行了统计，以图像与文字相结合的方式描述四川省湿地类型与分布、湿地植物类型和湿地鸟类资源状况，帮助读者在野外更快、更准确地识别和了解各种湿地鸟类。

本书介绍了四川省湿地类型与分布、湿地植物类型、湿地鸟类资源（鉴别特征、生活习性、分布地区），可供观鸟爱好者、生态学和林学等相关专业科技人员参考，也可作为高等院校生态学、林学等相关专业研究生的参考用书。

图书在版编目(CIP)数据

四川湿地水鸟手册 / 周材权主编. — 北京 : 科学出版社, 2023.4
ISBN 978-7-03-075279-6

Ⅰ. ①四… Ⅱ. ①周… Ⅲ. ①沼泽化地－鸟类－四川－手册 Ⅳ. ①Q959.708-62

中国国家版本馆CIP数据核字（2023）第048920号

责任编辑：陈　杰 / 责任校对：彭　映
责任印制：罗　科 / 封面设计：墨创文化

科学出版社 出版

北京东黄城根北街16号
邮政编码：100717
http://www.sciencep.com

成都锦瑞印刷有限责任公司 印刷

科学出版社发行　各地新华书店经销

*

2023年4月第　一　版　开本：889×1194 1/32
2023年4月第一次印刷　印张：6 1/2
字数：200 000

定价：120.00 元

编　委　会

主　　编：周材权

副 主 编：李建国　李春晓　王　彬

编　　委：黄　燕　白文科　韦　毅

前 言

四川省位于我国西南部，介于东经97°21′～108°33′和北纬26°03′～34°19′之间。地处长江上游，东西长1 075千米，南北宽921千米，面积48.6万平方千米。东邻重庆，北连青海、甘肃、陕西，南接云南、贵州，西衔西藏。四川地处青藏高原和长江中下游平原的过渡地带，地势高低悬殊，西高东低的特点特别明显。四川西部为高原、山地，海拔多在3 000米以上；东部为盆地、丘陵，海拔多在500～2 000米，具有独特的地理条件，复杂多样的自然环境，以及各种不同类型的气候带。四川省内江河众多，素称“千河之省”，造就了四川丰富多样的湿地资源，有河流湿地、湖泊湿地、沼泽湿地和人工湿地等各类湿地381.14万公顷，占四川省总面积的7.84%。四川丰富多样的湿地，为湿地鸟类栖息、繁殖、迁徙和越冬提供了重要的场所。依赖湿地而生存的鸟类既是湿地生物多样性和湿地生态系统中的重要组成部分，同时也是考量湿地生态环境的重要生物指标。

通过多年的湿地鸟类调查和查阅文献资料发现，四川有湿地鸟类（俗称水鸟）165种，隶属13目26科，在全国湿地鸟类15目中仅鹲形目和鹱形目的物种在四川无分布。其目、科、种数分别占全国湿地鸟类目、科、种数的86.67%、74.29%和51.24%，其中包括国家一级保护鸟类15种，国家二级保护鸟类33种，省级保护鸟类20种。列入《濒危野生

动植物种国际贸易公约》（CITES）附录Ⅰ的有3种，列入附录Ⅱ的有12种。

近几年来，我们在对四川湿地和湿地鸟类资源现状调查过程中，拍摄和收集了大量的四川湿地景观和湿地水鸟的影像资料，在此精选出约260幅图片，配上简明、通俗的文字，编辑成本手册。系统分类采用郑光美《中国鸟类分类与分布名录》（第三版）分类系统，物种名采用“中文名+学名+英文名”格式。为保证本手册资料的完整性，对四川曾经有过记录的个别罕见物种，采用四川地区外拍摄的图片或手绘图片进行补充，并用“资料图片”或“绘制图片”加以标注。

本手册旨在通过图片和文字简介的方式，向广大读者介绍四川湿地的基本概况，加深公众对湿地资源的认知和了解；采用“原产、原色、原生态”的湿地鸟类图片和简洁的物种描述，便于读者了解四川湿地鸟类资源状况、物种形态特征及其分布等，帮助读者在野外更快、更好地识别和了解各种湿地鸟类。本手册可供动物生态学、鸟类学工作者，大中专院校学生、观鸟爱好者、鸟类保护工作者参考。

编　者

目 录

Ⅰ. 雁形目 ANSERIFORMES

Ⅴ.鹤形目 GRUIFORMES

Ⅵ.鸻形目 CHARADRIIFORMES

X.鹈形目 PELECANIFORMES

XI.鹰形目ACCIPITRIFORMES

第一章

四川省湿地资源概况

1　湿地定义与生态功能

狭义湿地（wetland）是指地表过湿或经常积水，生长湿地生物的地区。按《国际湿地公约》定义，湿地指天然或人工、长久或暂时的沼泽地、湿原、泥炭地或水域地带，带有静止或流动，或为淡水、半咸水或咸水水体，包括低潮时水深不超过6米的水域。潮湿或浅积水地带发育成水生生物群和水成土壤的地理综合体。它是陆地、流水、静水、河口和海洋系统中各种沼生、湿生区域的总称。湿地生态系统（wetland ecosystem）是湿地植物——生产者、栖息于湿地的动物——消费者、微生物——分解者及其与环境组成的统一整体。湿地的类型多种多样，通常分为自然和人工两大类。自然湿地包括沼泽地、泥炭地、湖泊、河流、海滩等，人工湿地主要有水稻田、水库、池塘、运河、输水系统等。

湿地被誉为“地球之肾”，其功能是多方面的。湿地具有强大的物质生产功能，它蕴藏着丰富的动植物资源。同时，湿地是众多植物、动物特别是水禽生活的家园，向人类提供谷物、水产品、禽畜产品，以及能源（水能、泥炭、薪柴）、原材料（芦苇、木材、药用植物）和旅游场所，是人类赖以生存和持续发展的重要基础。湿地在蓄水、调节河川径流、补给地下水和维持区域水平衡中发挥着重要作用，是蓄水防洪的天然“海绵”，在时空上可分配不均的降水，通过湿地的吞吐调节，能有效控制洪水和防止土壤沙化。湿地内丰富的植物群落，能够吸收大量的二氧化碳气体，并放出氧气。湿地中的一些植物还具有吸收空气中有害气体和水中的有毒物质的功能，能有效调节大气组分和净化水质。湿地复杂多样的植物群落，为野生动物尤其是一些珍稀或濒危野生动物提供了良好的栖息地，是鸟类、两栖类动物繁殖、栖息、迁徙、越冬的场所，为动物提供丰富的食物来源和营巢、避敌的良好环境。湿地还通过水分蒸发成为水蒸气，然后又以降水的形式降到周围地区，保持当地的湿度和降水量，具有调节局部小气候的作用等。

保护湿地，实现湿地资源可持续发展利用，是维护生态安全和建设生态文明的重要举措，对实现科学发展、构建和谐社会，具有十分重要的现实意义和深远的历史意义。

2 四川省湿地类型与分布

四川湿地（包括水稻田）面积381.14万公顷[①]，占全省总面积的

① 1公顷=10000平方米

7.84%，是全省生态安全体系的重要组成部分和经济社会可持续发展的生态基础。四川省湿地类型丰富，有沼泽湿地、河流湿地、湖泊湿地及人工湿地共四类。其中川西地区的高原泥炭沼泽湿地面积居全国第一，是阻止我国西北地区荒漠化向东南方向发展的天然屏障，对缓解全球气候变暖具有重要意义。河流湿地是长江、黄河上游重要的水源补给区，是守护长江水生态资源安全的重要生态屏障。

2.1　河流湿地

四川境内共有大小河流1 400余条，素有“千河之省”的称号。全省除红原、若尔盖、阿坝等县境内的黄河干流，支流白河、黑河属黄河水系外，其余均属长江水系。长江是流经省内的最大河流，境内主要大支流有雅砻江、岷江、沱江、嘉陵江、赤水河等。四川河流湿地达45.23万公顷，占全省湿地（不含水稻田）面积的25.88%。

川西高原地势平坦，河流曲折舒缓，牛轭湖发育。曼扎塘/阿坝

九曲黄河第一湾位于四川省若尔盖县唐克镇，白河亦在此汇入黄河。唐克/若尔盖

雅砻江河流湿地景观。雅砻江/石渠

嘉陵江河流湿地景观。蓬安太阳岛/南充

河漫滩、沙洲、江心岛等水域环境为水鸟提供栖息场所。嘉陵江/南充

2.2 湖泊湿地

四川省境内天然湖泊众多，多分布于四川西部和西北部高山及高原地区，湖泊成因多为冰蚀湖、溶蚀湖和堰塞湖，川西高原部分湖泊为古河道与牛轭湖。省内湖泊以永久性淡水湖为主。全省湖泊湿地面积3.73万公顷，占全省湿地（不含水稻田）面积的2.14%。四川天然湖泊多但单个湖泊面积小，湖泊面积多在100公顷以下，大于2 000公顷的湖泊只有泸沽湖和邛海。湖泊湿地总面积大于2 000公顷的地区有石渠长沙贡玛高原湿地、若尔盖高原湿地和理塘海子山冰蚀湖泊群。

若尔盖花湖湿地俯瞰。花湖/若尔盖

邛海湿地一隅。邛海/西昌

高山湖泊景观。上图莲宝叶则/阿坝、下图措普湖/巴塘

2.3　沼泽湿地

四川省的天然湿地中，沼泽湿地达117.59万公顷，占全省湿地（不含水稻田）面积的67.28%。主要集中分布在若尔盖高原沼泽、长沙贡玛高原湿地、理塘海子山湿地和道孚亿比措高原沼泽，共计有84.72万公顷，占全省沼泽湿地面积的72.05%。在沼泽湿地中有近90%为沼泽化草甸，其次为以灌丛植物为优势群落的灌丛沼泽。

由草本植物组成的草本沼泽湿地景观。长沙贡玛/石渠

以喜湿生的多种柳属植物、柽柳科物种和沙棘等灌丛或小乔木为建群种，形成不同景观的灌丛湿地。图为高山柳灌丛湿地。白河/红原

丰水期沼泽湿地景观。辖曼/若尔盖

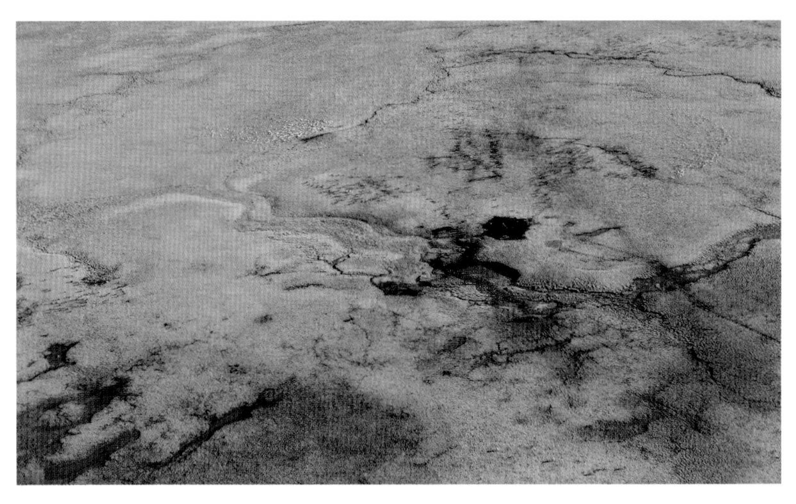

沼泽湿地景观。阿西/若尔盖

2.4 人工湿地

四川省人工湿地包括水稻田、库塘、水产养殖场以及输水河等，面积达214.58万公顷，占全省湿地总面积的56.30%。其中以水稻田面积最大，为206.36万公顷，占人工湿地面积的96.17%。人工湿地主要分布于成都平原及四川盆地周边的丘陵地区和低山地区。

盆周丘陵地区人工湿地景观。四龙/南充

3　四川省湿地植物

四川现有湿地高等植物1008种，隶属114科376属。四川湿地植物以草本植物为主，兼有灌木和乔木。物种主要隶属于莎草科、禾本科、毛茛科、眼子菜科、蓼科、灯心草科、报春花科、柳叶菜科、千屈菜科、菱科、狸藻科和泽泻科等。四川湿地植物中，被列为国家Ⅰ级重点保护植物的有高寒水韭、莼菜和水杉3种；国家Ⅱ级重点保护植物有水蕨、金荞麦、莲和野菱4种。四川湿地植物中有典型湿地植物73科333种，其中被子植物有55科290种。

湿地植物由于长期生活在水中或潮湿的环境，其形态特征、生理机能和生活习性等均产生了较强的对环境的适应性能力，根据不同湿地植物对水环境的需求差异，四川典型湿地高等植物生活型可分为湿生（沼生）、挺水、浮叶、漂浮和沉水5大类型。

由沉水、浮叶、漂浮、挺水等湿生植物组成的典型湿地植物生态群落。热曲/若尔盖

3.1 湿生植物类型

湿生植物具有对过多的水分的适应特征，能够在过多水分环境中正常生长和繁殖。四川典型湿生植物有210余种，其中常见的有灯心草、柽柳、千屈菜、沙棘、绵毛柳、硬叶柳、疏花水柏枝、沼生柳叶菜等。

典型湿生植物类型景观。九寨沟

喜生长在河滩、水沟边的沙棘，春天的芽、花和秋天的果为多种杂食性鸟类提供食物。卧龙/阿坝

3.2　挺水植物类型

该类植物通常植株高大，根或地茎生于泥中，茎叶挺拔立于水面之上。四川常见挺水型植物有64种，如慈姑、荸荠、菖蒲、风车草、莲、芦苇、水蓼和水莎草等。

由不同建群物种组成，形成不同的挺水型植物景观群落。上图九寨沟、下图花湖/若尔盖

3.3 浮叶植物类型

此类植物的根和地下茎生于泥中，茎通常较细弱不能直立，叶漂浮于水面，茎或叶通常能适应水的深度而延长。四川常见浮叶植物有17种，如莼菜、浮叶眼子菜、黄花水龙、菱、水马齿、睡莲和蘋菜等。

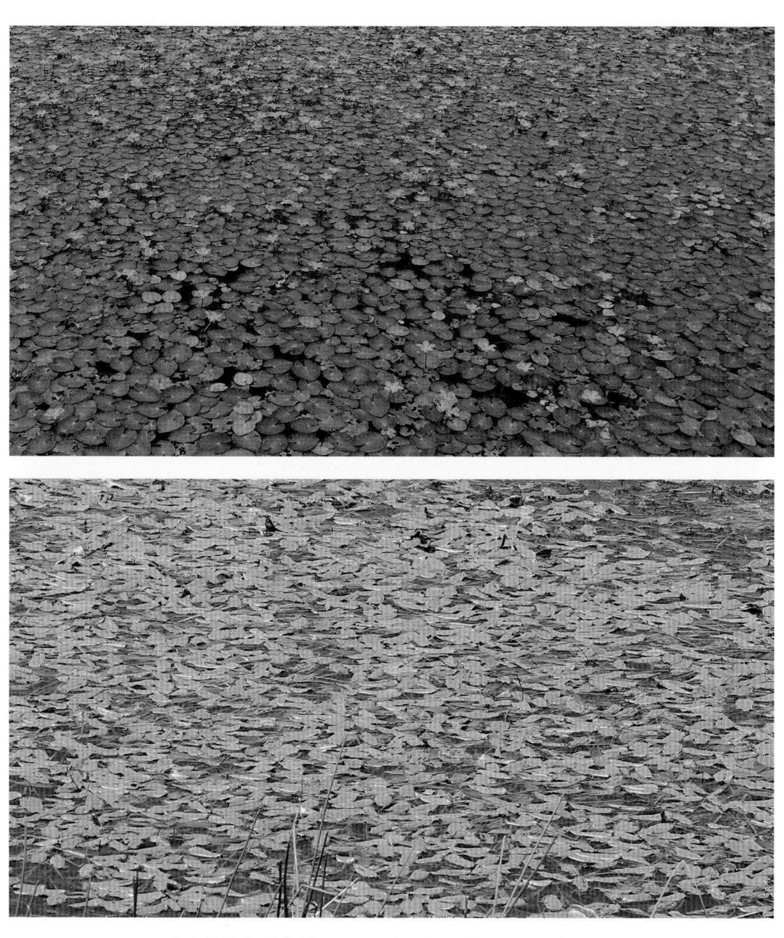

浮叶类植物群落景观。上图邛海/西昌、下图瓦切/红原

3.4　漂浮植物类型

此类植物根不生于泥中，全株漂浮于水面，四川常见漂浮型植物约10种，如大薸、凤眼莲、浮萍、槐叶萍、紫萍和水蕨等。

以凤眼莲为建群种的漂浮植物群落景观。西河/南充

漂浮植物大薸。凤鸣/南充

3.5 沉水植物类型

此类植物茎、叶全部沉没于水中，其根生于或不生于泥中。开花期部分种类的花浮出水面，绝大多数种类花小并在水下开放。四川常见沉水型植物有24种，如海菜花、黄花水毛茛、篦齿眼子菜、尖叶眼子菜、小眼子菜、竹叶眼子菜、狐尾藻、黄花狸藻、金鱼藻、水毛茛和菹草等。

沉水型植物群落景观。

第二章

四川省湿地鸟类

1 湿地鸟类定义

根据《关于特别是作为水禽栖息地的国际重要湿地公约》及有关文献对湿地鸟类的定义，将生活史全部或部分依赖湿地生存的鸟类称为湿地鸟类，即包括传统意义上的游禽、涉禽类，也通称水鸟。在本手册中除一般水鸟外，还把猛禽中与湿地环境关系密切的物种也列入介绍。

2 四川湿地鸟类资源

湿地鸟类是湿地野生动物中最具代表性的类群，是湿地生态系统的重要组成部分，灵敏和深刻地反映着湿地环境的变迁。据统计，我国有湿地水鸟15目35科322种。四川省有水鸟165种，隶属13目26科，全国15目中仅鹲形目和鹱形目的物种在四川无分布。四川目、科、种数分别占全国目、科、种数的86.67%、74.29%和51.24%。其中有国家一级保护鸟类15种，国家二级保护鸟类33种，四川省级保护鸟类20种。《濒危野生动植物种国际贸易公约》（CITES）附录Ⅰ有3种，附录Ⅱ有12种（表2.1）。

表2.1 四川省湿地水鸟种类统计

目名	科数统计			种数统计			国家级保护		省级保护	CITES	
	四川	全国	四川占全国比例/%	四川	全国	四川占全国比例/%	Ⅰ	Ⅱ		附录Ⅰ	附录Ⅱ
雁形目	1	1	100	37	54	68.52	2	11	1		2
鹈鹕目	1	1	100	5	5	100		3	2		
红鹳目	1	1	100	1	1	100					1
鸨形目	1	1	100	2	3	66.67	2				2
鹤形目	2	2	100	17	29	58.62	1	6	3	1	2
鸻形目	10	13	76.92	68	135	50.37		8	6		
鹲形目	0	1	0	0	3	0					
潜鸟目	1	1	100	1	4	25.00					
鹱形目	0	3	0	0	15	0					
鹳形目	1	1	100	5	7	71.43	3	1		1	1
鲣鸟目	1	3	33.33	1	12	8.33			1		
鹈形目	3	3	100	20	35	57.14	5	1	7		1
鹰形目	2	2	100	3	6	50.00	2	1		1	2
鸮形目	1	1	100	1	2	50.00		1			1
佛法僧目	1	1	100	4	11	36.36		1			1
合计	26	35	74.29	165	322	51.24	15	33	20	3	12

注：1. 表中全国目、科、种的数据参照郑光美《中国鸟类分类与分布名录》（第三版）。

2.本手册所记录的四川湿地鸟类为2014年以来在对四川湿地鸟类调查中实地调查到的物种和以往文献资料所记录的物种。

3　湿地鸟类分述

Ⅰ.雁形目 ANSERIFORMES

1.鸭科 Anatidae（37种）

001 鸿雁 | *Anser cygnoid* Swan Goose

鉴别特征： 大型水鸟，体长约90厘米，雌雄相似。雄鸟上嘴基部有一疣状突。雌鸟体型略小，两翅较短，嘴基疣状突不明显或无。嘴黑色，嘴与前额约成一直线，一道狭窄白线环绕嘴基。体羽灰褐色。前颈白，头顶及颈背红褐，前颈与后颈有一道明显界线。腿粉红，臀部近白，飞羽黑。虹膜褐色；脚深橘黄。

生活习性： 喜结群栖息于开阔平原和平原草地上的湖泊、水塘、河流、沼泽及其附近地区，冬季则多栖息在大的湖泊、水库、海滨、河口和海湾及其附近草地和农田。

主要以各种草本植物（包括陆生植物和水生植物）的叶、芽，芦苇、藻类等植物性食物为食，也取食少量甲壳类和软体动物等动物性食物。

分布地区： 见于南充、金堂、阆中、广汉、绵阳、若尔盖和红原等地。

002 豆雁 | *Anser fabalis* Bean Goose

鉴别特征：大型雁类，体长69～80厘米，雌雄相似。头、颈棕褐色，肩、背灰褐色，脚为橘黄色；飞行中较其他灰色雁类色暗而颈长。虹膜暗棕色；嘴橘黄、黄色及黑色。

生活习性：主要栖息于开阔平原草地、沼泽、水库、江河、湖泊及附近农田地区。性喜集群，常成群活动。

主要以植物性食物为食，也食少量动物性食物。觅食多在陆地上进行。

分布地区：见于南充、若尔盖和甘孜等地。

003 灰雁 | *Anser anser* Graylag Goose

鉴别特征：大型雁类，体长75～90厘米，雌雄相似。头顶和后颈褐色；嘴基有一条窄的白纹，繁殖期间呈锈黄色，有时白纹不明显。背和两肩灰褐色，上体体羽灰而羽缘白。胸浅烟褐色，尾上及尾下覆羽均白。虹膜褐色；嘴、脚粉红色。

生活习性：主要栖息于芦苇和水草丰富的湖泊、水库、河口、沼泽和草地。除繁殖期外，成群活动。

主要在白天觅食，常成家族群或由数个家族组成的小群在一起觅食。食物主要为各种水生和陆生植物的根、茎、叶、嫩芽、果实和种子等植物性食物，有时也取食螺、虾、昆虫等动物性食物。

分布地区：见于成都、南充、广汉、理塘、德格、石渠、阿坝[①]、盐源、泸沽湖、红原、若尔盖等地。在川西高原地区有繁殖记录。

① 分布地区中可能存在隶属关系，如红原和若尔盖属于阿坝州管辖范围，此处的阿坝指阿坝州城区。后文类似情况均指城区。

004 白额雁 | *Anser albifrons* Greater White-fronted Goose

鉴别特征：大型雁类，体长70~85厘米，雌雄相似。上体大多灰褐色，从上嘴基部至额有一宽阔白斑，下体白色，杂有黑色块斑；头顶和后颈暗褐色；背、肩、腰暗灰褐色，具淡色羽缘；前颈、头侧和上胸灰褐色；虹膜深褐；嘴粉红，基部黄色；脚橘黄。

生活习性：主要栖息于湖泊、水库、河湾、沼泽草地和农田。

主要以植物性食物为食。

分布地区：见于成都、若尔盖、石渠等地。

005 小白额雁 | *Anser erythropus* Lesser White-fronted Goose

鉴别特征：中型雁类，体长62厘米左右。雌雄相似。嘴基和额部有显著的白斑，一直延伸到两眼间，白斑后缘黑色，头顶、后颈和上体暗褐色；翅上覆羽外侧灰褐色，内侧暗褐色；上体各羽缘黄白色，尾上覆羽白色，尾羽暗褐色，具白色端斑；颏、喉灰褐色，颏前端具一小白斑；虹膜深褐；嘴粉红；脚橘黄。

生活习性：多栖息于开阔的湖泊、沼泽草地、江河、水库等地区。通常成群活动，善于在地上行走、游泳和潜水。

主要在陆地上觅食。以绿色植物的茎叶和植物种子为食。

分布地区：见于成都、广汉、若尔盖等地。

006 斑头雁 *Anser indicus* Bar-headed Goose

鉴别特征：中型雁类，体长70厘米左右。雌雄相似，但雌鸟略小。成鸟头顶污白色；头顶后部有两道黑色横斑；喉部白色延伸至颈侧；后颈暗褐色；背部淡灰褐色，羽端缀有棕色，形成鳞状斑；翅覆羽灰色，外侧初级飞羽灰色；下体多为白色。虹膜褐色；嘴鹅黄，嘴尖黑；脚橙黄色。

生活习性：栖息于大型湖泊、沼泽湿地和江河漫滩。喜集群和成群活动。

主要以禾本科和莎草科植物的叶、茎、青草和豆科植物种子等植物性食物为食，也取食贝类、软体动物和其他小型无脊椎动物。

分布地区：见于康定、石渠、理塘、汶川、若尔盖、红原、阿坝、盐源、西昌、金堂、南充、江油、内江等地。

007 红胸黑雁 | *Branta ruficollis* Red-breasted Goose

鉴别特征：小型雁类。全长55厘米左右。体羽黑白色为主，有金属光泽。胸、颈及头侧为显著的棕红。头圆嘴短。头、后颈黑褐色；两侧眼和嘴之间有一椭圆形白斑。虹膜褐色；嘴、脚为黑褐色。

生活习性：栖息于海湾、海港、河口、湖泊和水库周围地区。喜集群生活。

主要以青草或水生植物的嫩芽、叶、茎等为食，也吃根和植物种子。

分布地区：罕见迷鸟，2011年1月记录于广汉市鸭子河。

绘制图片/林峤

008 疣鼻天鹅 | *Cygnus olor* Mute Swan

鉴别特征：大型游禽，体长130～155厘米。雄鸟全身雪白，前额具有黑色疣突；雌鸟羽色和雄鸟相同，但体型较小，前额疣状突不明显；虹膜褐色；嘴橘黄；脚黑色。

生活习性：栖息于湖泊、江河或沼泽地带。在地上行走拙笨，但极善游泳。疣鼻天鹅性机警。游泳时翅膀常隆起，颈向后弯曲，头部向前低垂。成对或成家族群活动。

主要以水生植物的根、茎、叶、芽和果实为食，包括水草及种子等，也吃水藻和小型水生动物。偶尔吃软体动物和昆虫及小鱼。

分布地区：见于若尔盖、德格、石渠等地。石渠长沙贡玛高原湖泊湿地近年有繁殖小种群记录。

009 小天鹅 | *Cygnus columbianus* Tundra Swan

鉴别特征：大型游禽，体长110～130厘米。全身洁白，外形和大天鹅非常相似，但体型明显较大天鹅小，颈和嘴亦较大天鹅短，嘴上黑斑大，黄斑小，黄斑仅限于嘴基两侧，沿嘴缘不前伸于鼻孔之下；雌雄同色，雌体略小。虹膜褐色、嘴黑色带黄色嘴基、脚黑色。

生活习性：栖息于开阔的湖泊、沼泽草地、水流缓慢的河流及漫滩。

主要以水生植物的根茎和种子等为食，也兼食少量水生昆虫、蠕虫、螺类和小鱼。

分布地区：见于红原、若尔盖、石渠、成都、西昌、广汉、绵阳、南充、仁寿、三台等地。

010 大天鹅 | *Cygnus Cygnus* Whooper Swan

鉴别特征： 大型游禽，体长120～160厘米，体重8～12千克。全身洁白，颈特长，颈的长度是鸟类中占身体长度比例最大的，甚至超过了身体的长度；它的身体肥胖而丰满，腿部较短，脚上有黑色的蹼。雌雄同色，雌较雄略小。虹膜褐色、嘴基黄色尖端黑色；脚黑色。

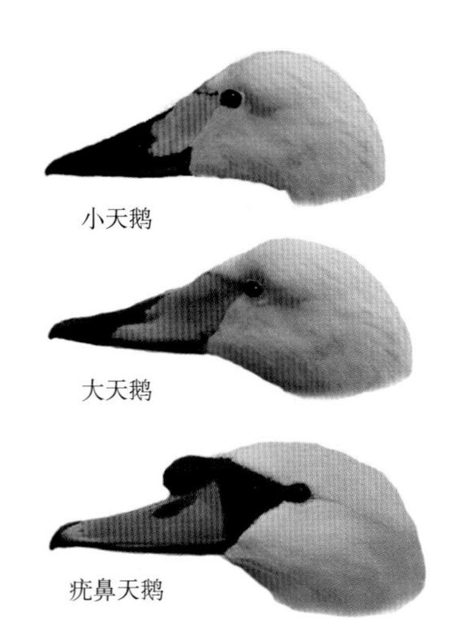

三种天鹅喙部比较

生活习性： 栖息于开阔的湖泊、沼泽草地、水流缓慢的河流及漫滩。

以水生植物的根茎、叶、茎、种子为食，也吃少量动物食物，如软体动物、水生昆虫和贝类、鱼类、蛙类等。

分布地区： 见于红原、若尔盖、马尔康、色达、石渠、成都、广汉、绵阳、南充、仁寿等地。

011 翘鼻麻鸭 | *Tadorna tadorna* Common Shelduck

鉴别特征：大型鸭类，体长52～63厘米，体重700～1600克。体羽大都白色，雄鸟头和上颈黑色，具绿色光泽；下颈、背、腰、尾覆羽和尾羽全白色，尾羽具黑色横斑，繁殖期上嘴基部有一红色瘤状物，胸部有一栗色横带，腹中央有一条宽的黑色纵带；雌鸟似雄鸟，但色较暗淡，嘴基肉瘤形小或没有，前额有一小的白色斑点，棕栗色胸带窄而色浅。虹膜浅褐；嘴红色；脚红色。

生活习性：迁徙和越冬期间栖息于河滩、湖泊、水库等水域环境。

主要以水生昆虫、软体动物，藻类和植物叶片、嫩芽和种子等动植物食物为食。

分布地区：见于成都、绵阳、广汉、德阳、江油、内江、宜宾、南充、阆中、内江、金堂、西昌等地。

012 赤麻鸭 | *Tadorna ferruginea* Ruddy Shelduck

鉴别特征：体型较大，体长51～68厘米，体重1000～1600克。全身赤黄色。雄鸟头顶棕白色，夏季有狭窄的黑色领圈，飞行时白色的翅上覆羽及铜绿色翼镜明显可见；雌鸟羽色和雄鸟相似，但体色稍淡，头顶和头侧几乎白色，颈基无黑色领环。虹膜褐色；嘴近黑色；脚黑色。

生活习性：栖息于江河、湖泊、河口、塘库等水域，以及草原、荒地、沼泽、沙滩、农田和平原疏林等各类生境中。繁殖期成对生活，冬季集群，性机警。

主要以水生植物叶、芽、种子，农作物幼苗、谷物等植物性食物为食，也吃昆虫、甲壳动物、软体动物、蛙类和小鱼虾等动物性食物。

分布地区：见于甘孜、德格、石渠、理塘、巴塘、阿坝、汶川、松潘、红原、若尔盖、成都、金堂、广汉、德阳、绵阳、遂宁、内江、宜宾、南充、阆中、苍溪等地。

013 鸳鸯 | *Aix galericulata* Mandarin Duck

鉴别特征： 中型鸭类，体长38～45厘米。雌雄异色，雄鸟额和头顶中央翠绿色，并具金属光泽；枕部铜赤色，有醒目的白色眉纹、金色颈、背部长羽以及拢翼后可直立的独特的棕黄色炫耀性"帆状饰羽"，嘴红色。雌鸟头和后颈灰褐色，无冠羽；虹膜褐色；嘴灰色；脚近黄色。

生活习性： 繁殖期主要栖息于针阔叶混交林及附近的溪流、沼泽、芦苇塘和湖泊等处，冬季多栖息于开阔的湖泊、江河和沼泽地带。喜欢成群活动，生性机警，极善隐蔽，善飞行。

杂食性。食物包括植物的根、茎、叶、种子，各种昆虫和幼虫，以及小鱼、蛙、蝲蛄、虾、蜗牛、蜘蛛等动物。繁殖季节多以动物性食物为主。

分布地区： 见于成都、广汉、德阳、绵阳、平武、江油、雅安、遂宁、内江、宜宾、南充、苍溪、剑阁、达州、资阳、盐源、西昌等地。

014 棉凫 | *Nettapus coromandelianus* Asian Pygmy Goose

鉴别特征：小型鸭类，体长30～33厘米。雄鸟前额白色，额及头顶黑褐色，头的余部和颈白色，颈基部有一宽的黑色而闪绿色光泽的颈环；肩、腰以及翅上覆羽黑褐色，具金属绿色光泽；雌鸟额和头顶暗褐色，后颈浅褐色；背、肩以及两翅覆羽和飞羽褐色。虹膜雄鸟浅朱红色，雌鸟红棕色；雄鸟嘴黑棕色，雌鸟褐色；雄鸟跗跖黑色，蹼黄色，雌鸭青黄色。

生活习性：栖息于江河、湖泊、水塘和沼泽地带，尤喜富有水生植物的开阔水域。

主要以水生植物和陆生植物的嫩芽、嫩叶、根等为食，也吃水生昆虫、蠕虫、蜗牛、软体动物、甲壳类和小鱼等。

分布地区：见于成都、绵阳、德阳、南充、金堂、西昌等地。

015 赤膀鸭 | *Mareca strepera* Gadwall

鉴别特征：中型鸭类，体长44～55厘米。雄鸟上体暗褐色，背上部具白色波状细纹，腹白色，胸暗褐色而具新月形白斑，翅具宽阔的棕栗色横带和黑白二色翼镜，飞翔时尤为明显。雌鸟上体暗褐色而具白色斑纹，翼镜白色。虹膜褐色；嘴雄鸟为黑色，雌鸟橙黄色；脚橘黄。

生活习性：喜欢栖息于江河、湖泊、水库、河湾、水塘、沼泽等水域中。尤其喜欢在富有水生植物的开阔水域活动。常成小群活动，也喜欢与其他野鸭混群活动。

食物以水生植物为主，也常到岸上或农田地中觅食青草、草籽、浆果和谷粒。

分布地区：见于成都、金堂、德阳、广汉、绵阳、内江、宜宾、遂宁、南充、阆中、南部、达州、西昌、雅安、若尔盖、松潘等地。

016 罗纹鸭 | *Mareca falcate* Falcated Duck

鉴别特征：中型鸭类，体长40～52厘米。雄鸟繁殖羽头顶栗色，头和颈的两侧及后颈冠羽铜绿色，黑白色的三级飞羽长而弯曲。雌鸟暗褐色杂深色，头及颈色浅，两胁略带扇贝形纹，尾上覆羽两侧具皮草黄色线条；有铜棕色翼镜。虹膜褐色；嘴黑色；脚暗灰。

生活习性：主要栖息于江河、湖泊、河湾、河口及其沼泽地带。繁殖期尤其喜欢在偏僻而又富有水生植物的中小型湖泊中栖息和繁殖。常成对或成小群活动。

主要以水藻、水生植物嫩叶、种子、草叶等植物性食物为食。偶尔也吃软体动物、甲壳类和水生昆虫等小型无脊椎动物。

分布地区：见于成都、广汉、德阳、绵阳、遂宁、南充、阆中、西昌等地。

017 赤颈鸭 | *Mareca penelope* Eurasian Wigeon

鉴别特征： 中型鸭类，体长41～52厘米。雄鸟头和颈棕红色，额至头顶有一乳黄色纵带，体羽余部多灰色，两胁有白斑，腹白，尾下覆羽黑色。飞行时白色翅羽与深色飞羽及绿色翼镜成对照。雌鸟通体棕褐或灰褐色，腹白。飞行时浅灰色的翅覆羽与深色的飞羽成对照。虹膜棕色；嘴蓝绿色；脚灰色。

生活习性： 栖息于江河、湖泊、水塘、河口、海湾、沼泽等各类水域中。尤其喜欢在富有水生植物的开阔水域中活动。常成群活动，也和其他鸭类混群。善游泳和潜水。

主要以植物性食物为食，也吃少量动物性食物。

分布地区： 见于成都、金堂、广汉、德阳、绵阳、平武、江油、雅安、内江、宜宾、遂宁、南充、苍溪、剑阁、达州、资阳、盐源、西昌等地。

018 绿头鸭 | *Anas platyrhynchos* Mallard

鉴别特征：大型鸭类，体长47～62厘米。雄鸟头及颈深绿色带光泽，白色颈环使头与栗色胸隔开，上体黑褐色，腰和尾上覆羽黑色。雌鸟褐色斑驳，头顶至枕部黑色，具棕黄色羽缘，有深色的贯眼纹。虹膜棕褐色；雄鸟嘴黄绿色或橄榄绿色，嘴甲黑色，跗跖红色；雌鸟嘴黑褐色，嘴端暗棕黄色；脚橘黄。

生活习性：主要栖息于水生植物丰富的湖泊、河流、池塘、沼泽等水域中。常成群活动，或是于水面游泳，或是栖息于水边沙洲或岸边。性好动，时常发出响亮清脆叫声。

主要以野生植物的叶、芽、茎，水藻和种子等植物性食物为食。也吃软体动物、甲壳类、水生昆虫等动物性食物。

分布地区：四川省各市、地、州广泛分布。

019 斑嘴鸭 | *Anas zonorhyncha* Eastern Spot-billed Duck

鉴别特征： 大型鸭类，体长50～64厘米。雌雄羽色相似。雄鸟从额至枕棕褐色，从嘴基经眼至耳区有一棕褐色纹；脸至上颈侧、眼先、眉纹、颏和喉均为淡黄白色。雌鸟上体后部较淡，下体自胸以下均淡白色，杂以暗褐色斑；嘴端黄斑不明显。虹膜黑褐色，外围橙黄色；嘴蓝黑色，具橙黄色端斑；嘴甲尖端微具黑色，跗跖和趾橙黄色，爪黑色；脚珊瑚红。

生活习性： 主要栖息在各类大小湖泊、水库、江河、水塘、河口、漫滩和沼泽地带。常成群活动。

常见的食物主要为水生植物的叶、嫩芽、茎、根和松藻、浮藻等水生藻类，以及草籽等种子。也吃鱼虾、昆虫、软体动物等动物性食物。

分布地区： 四川省各市、地、州广泛分布。

020 针尾鸭 | *Anas acuta* Northern Pintail

鉴别特征：中型鸭类，体长43～72厘米。雄鸟头暗褐色，喉白，背部多杂以淡褐色与白色相间的波状横斑，两胁有灰色扇贝形纹，尾黑，中央尾羽特别延长，两翼灰色具铜绿色翼镜，下体白色。雌鸟暗淡褐色，上体多黑斑；下体皮黄，胸部具黑点；两翼无翼镜。虹膜褐色；嘴蓝灰；脚灰色。

生活习性：越冬期栖息于各种类型的河流、湖泊、沼泽湿地。杂食性，以植物性食物为主。

分布地区：见于成都、金堂、广汉、德阳、绵阳、内江、宜宾、遂宁、南充、阆中、西昌、盐源等地。

陈川元/摄

021 绿翅鸭 | *Anas crecca* Green-winged Teal

鉴别特征：小型鸭类，体长约37厘米。雄鸟头至颈部深栗色，自眼周往后有一宽阔的具有光泽的绿色带斑，经耳区向下与另一侧的相连于后颈基部。肩羽上有一道长长的白色条纹，深色的尾下羽外缘具皮黄色斑块；其余体羽多灰色。雌鸟上体暗褐色，下腹和两肋具褐色斑点。虹膜褐色；嘴灰色；脚灰色。

生活习性：栖息在开阔的大型湖泊、江河、河口、漫滩、沼泽地带。

以植物性食物为主，特别是水生植物种子和嫩叶。也吃螺、甲壳类、软体动物、水生昆虫和其他小型无脊椎动物。

分布地区：四川省各市、地、州广泛分布。

022 琵嘴鸭 | *Spatula clypeata* Northern Shoveler

鉴别特征：中型鸭类，体长43～51厘米。雄鸟头至上颈暗绿色而具光泽，背黑色，背的两边及外侧肩羽和胸白色，且连成一体，翼镜金属绿色，腹和两胁栗色。雌鸟上体暗褐色，头顶至后颈杂有浅棕色纵纹，背和腰有淡红色横斑和棕白色羽缘，尾上覆羽和尾羽具棕白色横斑。虹膜雄鸟为金黄色，雌鸟为淡褐色；嘴雄鸟为黑色，雌鸟为黄褐色，上嘴末端扩大成铲状；脚橙红色。

生活习性：栖息于开阔地区的河流、湖泊、水塘、沼泽等水域环境中。

主要以螺、软体动物、甲壳类、水生昆虫、鱼、蛙等动物性食物为食，也食水藻、草籽等植物性食物。

分布地区：见于成都、金堂、广汉、德阳、绵阳、平武、江油、雅安、内江、宜宾、遂宁、南充、苍溪、剑阁、达州、资阳、盐源、西昌等地。

023 白眉鸭 | *Spatula querquedula* Garganey

鉴别特征：小型鸭类，体长34～41厘米。雄鸟头巧克力色，具宽阔的白色眉纹。胸、背棕色，腹白。内侧肩羽特别长，呈绿色。翼镜为闪亮绿色带白色边缘。雌鸟褐色的头部图纹显著，腹白，翼镜暗橄榄色带白色羽缘。虹膜黑褐色；嘴黑色；脚蓝灰色。

生活习性：栖息于开阔的湖泊、江河、沼泽、河口、池塘、沙洲等水域中。常成对或成小群活动，迁徙和越冬期间也集成大群。性胆怯而机警，常在有水草隐蔽处活动和觅食。

主要以水生植物的叶、茎、种子为食，也到岸上觅食青草和到农田地觅食谷物。也吃软体动物、甲壳类和昆虫等水生动物。

分布地区：见于成都、金堂、广汉、德阳、绵阳、平武、江油、雅安、内江、宜宾、遂宁、南充、达州、盐源、西昌等地。

资料图片 文科/摄

024 花脸鸭 | *Sibirionetta formosa* Baikal Teal

鉴别特征：小型鸭类，体长37～44厘米。雄鸟繁殖羽头顶至后颈上部黑褐色，具淡棕色羽端，纹理分明的亮绿色脸部具特征性黄色月牙形斑块。多斑点的胸部染棕色。肩羽形长，中心黑而上缘白。翼镜铜绿色，臀部黑色。雌鸟上体暗褐色，羽缘稍淡。头顶褐色较浓，具棕色羽端，脸侧有白色月牙形斑块。虹膜褐色；嘴灰色；脚趾板蓝黑色。

生活习性：主要栖息于各种淡水或咸水水域，包括湖泊、江河、水库、水塘、沼泽、河湾以及农田原野等地带。

主要以轮叶藻、菱角、水草等各类水生植物的芽、嫩叶、果实和种子为食，也常到收获后的农田觅食散落的稻谷和草籽。也吃螺、软体动物、水生昆虫等小型无脊椎动物。

分布地区：见于成都、金堂、广汉、德阳、绵阳、雅安、内江、宜宾、盐源、西昌等地。

资料图片 老照/摄

025 赤嘴潜鸭 | *Netta rufina* Red-crested Pochard

鉴别特征：大型鸭类，体长45～55厘米。雄鸟头、颈部浓栗红色明显，具淡棕黄色羽冠。上体暗褐色，两胁白色，尾部黑色，翼下羽白，飞羽在飞行时显而易见。雌鸟额、头顶至后颈暗棕褐色，两胁无白色，但脸下、喉及颈侧为白色。虹膜雄鸟为红色或棕色，雌鸟棕褐色；嘴雄鸟橘红，雌鸟灰褐色；脚雄鸟粉红，雌鸟灰色。

生活习性：主要栖息在水面开阔且有水边植物和水较深的淡水湖泊、水流较缓的江河、河流与河口地区。

主要以水藻、眼子菜以及其他水生植物的嫩芽、茎和种子为食。

分布地区：见于成都、德阳、绵阳、宜宾、盐源、西昌等地。

026 红头潜鸭 | *Aythya ferina* Common Pochard

鉴别特征：中等体型，体长41～50厘米。雄鸟头和颈栗红色，上体灰色，具黑色波状细纹。胸黑色，腹和两胁白色，尾黑色。雌鸟头、颈棕褐色，胸暗黄褐色，腹和两胁灰褐色，杂有浅褐色横斑。虹膜黄色；嘴淡蓝色，基部和先端淡黑色；脚灰色。

生活习性：主要栖息于富有水生植物的开阔湖泊、水库、水塘、河湾等各类水域中。冬季也常出现在水流较缓的江河、河口和海湾。常成群活动，有时也和其他鸭类混群。

食物主要为水藻，水生植物叶、茎、根和种子。也觅食软体动物、甲壳类、水生昆虫、小鱼虾等动物性食物。

分布地区：见于成都、金堂、广汉、德阳、绵阳、平武、雅安、内江、宜宾、遂宁、南充、达州、资阳、盐源、西昌等地。

027 青头潜鸭 | *Aythya baeri* Baer's Pochard

鉴别特征： 体型中等，体长42～47厘米。腹部及两胁白色；翼下羽及二级飞羽白色，飞行时可见黑色翼缘。雄鸟头和颈黑色，并具绿色光泽，上体黑褐色，胸部暗栗色。雌鸟头颈黑褐，头侧、颈侧棕褐，眼先与嘴基之间有一栗红色近似圆形斑，眼褐色或淡黄色。颏部有一三角形白色小斑。虹膜雄鸟白色，雌鸟褐色；嘴深灰色；脚灰色。

生活习性： 多栖息在大的湖泊、江河、海湾、河口、水塘和沼泽地带。

主要以各种水草的根、叶、茎和种子等为食，也吃软体动物、水生昆虫、甲壳类、蛙等动物性食物。

分布地区： 数量稀少，罕见于南充、德阳、绵阳、广汉、西昌等地。

028 白眼潜鸭 | *Aythya nyroca* Ferruginous Duck

鉴别特征：中等体型，体长33～43厘米。仅眼及尾下羽白色，颏部有一三角形白色小斑。雄鸟头、颈、胸及两胁浓栗色，眼白色。雌鸟暗烟褐色，眼色淡，侧看头部羽冠高耸。飞行时，飞羽为白色带狭窄黑色后缘。虹膜雄鸟银白色，雌鸟灰褐色；嘴黑灰或黑色；脚灰色。

生活习性：主要栖息于大的湖泊、水流缓慢的江河、河口、漫滩及沼泽湿地。善潜水。

杂食性，以植物性食物为主。食物主要为各类水生植物的球茎、叶、芽、嫩枝和种子，也食甲壳类、软体动物、水生昆虫及其幼虫、蠕虫以及蛙和小鱼等。

分布地区：见于成都、金堂、广汉、德阳、绵阳、平武、江油、雅安、红原、若尔盖、甘孜、石渠、内江、宜宾、遂宁、南充、阆中、苍溪、剑阁、达州、资阳、盐源、西昌等地。

029 凤头潜鸭 | *Aythya fuligula* Tufted Duck

鉴别特征：中型潜鸭，体长34～49厘米。雄鸟头和颈黑色，具紫色光泽，头上具长形黑色羽冠，腹、两胁及翼镜白色，眼金黄色。雌鸟深褐色，两胁褐而羽冠短，额基有白斑，腹和两胁灰白色，且具淡褐色横斑。虹膜黄色；嘴蓝灰色或铅灰色；脚灰色。

生活习性：主要栖息于湖泊、河流、水库、池塘、沼泽、河口等开阔水面。性喜成群。常成群活动，特别是迁徙期间和越冬期间常集成上百只的大群。

主要在白天觅食，晚上多栖息于湖心岛上或近岸的烂泥滩和沙洲上。食物主要为虾、蟹、蛤、水生昆虫、小鱼、蝌蚪等动物性食物，有时也吃少量水生植物。

分布地区：见于成都、金堂、广汉、德阳、绵阳、江油、雅安、内江、宜宾、遂宁、南充、阆中、达州、盐源、西昌、红原、若尔盖、甘孜等地。

030 斑背潜鸭 | *Aythya marila* Greater Scaup

鉴别特征：中型潜鸭，体长42～49厘米。雄鸟头和颈黑色，具绿色光泽，背白色，有波浪状黑褐色细纹；胸和上下尾羽黑色，腹和两胁及翼镜白色。雌鸟头、颈、胸和上背褐色，具不明显的白色羽端，形成鱼鳞状斑，下背和肩褐色，有不规则的白色细斑。翅与雄鸭相同，翼镜也为白色，但较小。虹膜亮黄色，嘴蓝灰色，跗跖和趾铅蓝色，爪黑色。

生活习性：常在富有植物生长的淡水湖泊、河流、水塘和沼泽地带活动。

杂食性，主要捕食甲壳类、软体动物、水生昆虫、小型鱼类等水生动物。也吃水藻，水生植物的叶、茎、种子等。

分布地区：见于若尔盖、红原、石渠、成都、广汉、德阳、绵阳、内江、宜宾、南充、西昌等地。

031 斑脸海番鸭 | *Melanitta fusca* Velvet Scoter

鉴别特征：大型鸭类，体长48～61厘米。雄性成鸟全黑，眼后有一半月形白斑，红色嘴基有一黑色瘤，翼镜白色，飞翔时极明显。雌鸟头和颈棕黑色，眼和嘴之间及耳羽上各有一白点，上嘴无肉瘤。虹膜褐色；嘴雄鸟黑色，先端浅绿色，嘴甲红色，雌鸟嘴黑带紫色；脚带粉色。

生活习性：主要栖息在沿海海域，偶尔也到内陆湖泊。

主要通过潜水捕食。食物主要为鱼类、水生昆虫类、甲壳类、贝类、软体动物等动物性食物，也食眼子菜和其他水生植物。觅食主要在白天。

分布地区：罕见迷鸟，20世纪70年代初在嘉陵江南充市段首次记录到该物种。时隔近五十年，在2014年11月再次在相同江段记录到该物种。

032 长尾鸭 | *Clangula hyemalis* Long-tailed Duck

鉴别特征：中型鸭类，体长38～58厘米。冬季雄鸟头、颈白色，两颊各有一块大型黑斑，肩羽白色，特别延长，胸黑色，腹白色，其余体羽褐色。冬季雌鸟褐色，而头、腹白，顶盖黑色，颈侧有黑斑。飞行时，黑色翼下羽及白色腹部的搭配特别显眼。虹膜雄鸟红褐色，雌鸟褐色；嘴雄鸟灰且近嘴尖处有粉红色带，雌鸟灰色；脚灰色。

生活习性：主要栖息于北极冻原上的水塘和小型湖泊中，也栖息在流速缓慢的河流及河口地区，偶尔到内陆大的湖泊与江河中。

以动物性食物为食，如石蚕等昆虫的幼虫、虾、甲壳类、小鱼和软体动物。冬季则主要以海生动物为食。

分布地区：罕见于乐山、内江、成都、广汉、雅安、宜宾、南充等地。

033 鹊鸭 | *Bucephala clangula* Common Goldeneye

鉴别特征：中型鸭类，体长32～69厘米。头大而高耸，眼金色。雄鸟头和上颈黑色，具紫蓝色金属光泽，嘴基部具大的白色圆形点斑；雌鸟头和上颈褐色，颈的基部有一污白色颈环，上体淡黑褐色，羽端灰白色，两胁暗灰色而具白色羽缘。虹膜黄色；嘴近黑；脚黄色。

生活习性：主要栖息于流速缓慢的江河、湖泊、水库、河口、海湾和沿海水域。

通过潜水觅食。食物主要为昆虫及其幼虫、蠕虫、甲壳类、软体动物、小鱼、蛙以及蝌蚪等各种所能利用的淡水和咸水水生动物。

分布地区：见于成都、金堂、广汉、德阳、绵阳、内江、宜宾、遂宁、南充、阆中、盐源、西昌等地。

034 斑头秋沙鸭 | *Mergellus albellus* Smew

鉴别特征：小型鸭类，体长34～46厘米，是我国秋沙鸭中个体最小和嘴最短的一种。雄鸟繁殖羽头颈白色，眼周和眼先黑色，在头顶两侧形成一个显著的黑斑；枕部两侧黑色，中央白色，各羽均延长形成羽冠。雌鸟及非繁殖期雄鸟上体灰色，具两道白色翼斑，下体白，眼周近黑，额、顶及枕部栗色。虹膜雄鸟红色，雌鸟褐色；嘴近黑；脚灰色。

生活习性：栖息在湖泊、江河、水塘、水库、河口、海湾和浅海沼泽地带。

通过潜水觅食。食物主要为小鱼，也大量捕食软体动物、甲壳类、石蚕等水生无脊椎动物，偶尔也吃少量植物性食物。

分布地区：见于成都、广汉、德阳、绵阳、江油、宜宾、南充等地。

035 普通秋沙鸭 | *Mergus merganser* Common Merganser

鉴别特征：普通秋沙鸭是中国秋沙鸭中个体最大、数量最多、分布最广的一种，体长54～68厘米。雄鸟繁殖期头及背部绿黑，与光洁的乳白色胸部及下体成对比，枕部有短的黑褐色冠羽。飞行时翼白而外侧三级飞羽黑色。雌鸟及非繁殖期雄鸟上体深灰，下体浅灰，头棕褐色而颏白。体羽具蓬松的副羽，飞行时次级飞羽及覆羽全白。虹膜褐色；嘴红色；脚红色。

生活习性：主要栖息于大的内陆湖泊、江河、水库、池塘、河口等淡水水域。

善于潜水，在水中追捕鱼类等食物。以鱼、虾、水生昆虫等动物性食物为主，亦采食少量的水生植物。

分布地区：四川省各地、市、州广泛分布。

036 红胸秋沙鸭 *Mergus serrator* Red-breasted Merganser

鉴别特征：大型秋沙鸭，体长52～60厘米。雄鸟头黑色，具绿色金属光泽，枕部具黑色羽冠，上颈白色，下颈和胸锈红色。上体黑色，两侧白色，其上有两道斜行横斑。雌鸟头棕褐色，上体灰褐色，下体白色。虹膜雄鸟红色，雌鸟红褐色；嘴红色；脚橘黄色。

生活习性：主要栖息在沿海海岸、河口和浅水海湾地区。迁徙期间也有少量个体偶尔进入内陆淡水湖泊及河流。

主要通过潜水觅食，但有时也在水边浅水处将头直接伸入水中觅食。食物主要为小型鱼类，也吃水生昆虫、甲壳类、软体动物等其他水生动物。偶尔也吃少量植物性食物。

分布地区：罕见于成都、简阳、南充、乐山、宜宾等地。

037 中华秋沙鸭 | *Mergus squamatus* Scaly-sided Merganser

鉴别特征： 大型秋沙鸭，体长49～64厘米。雄鸟头黑色，具厚实的羽冠。上背、内侧肩羽黑色，外侧肩羽白色，两胁羽片白色而羽缘及羽轴黑色形成特征性鳞状纹。雌鸟色暗而多灰色，枕无羽冠，两胁和后背无鳞状斑或鳞状斑不明显。虹膜褐色；嘴红色；脚橘黄色。

生活习性： 栖息于开阔地区的江河与湖泊中。常单只、成对或以家庭为群活动。

白天觅食。食物主要为鱼、虾、水生昆虫等动物性食物。

分布地区： 罕见于南充、阆中、雅安等地。

Ⅱ.䴙䴘目 PODICIPEDIFORMES

2.䴙䴘科 Podicipedidae （5种）

038 小䴙䴘 | *Tachybaptus ruficollis* Little Grebe

鉴别特征： 小型游禽，体长25～32厘米，是䴙䴘中体型最小的一种。身体短胖，嘴尖如凿。夏羽头和上体黑褐色；颊、颈侧和前颈栗红色；尾短小；臀部灰白色；上胸和两胁灰褐色；具明显黄色嘴斑。冬羽上体灰褐色，下体白色，颊、耳羽和颈侧淡棕褐色。虹膜黄色或褐色；嘴黑色；脚蓝灰，趾尖浅色。

生活习性： 栖息于湖泊、水塘、水渠、池塘和沼泽地带，也见于水流缓慢的江河和沿海芦苇沼泽中。通常单独或成分散小群活动。

白天活动觅食。通过潜水追捕各种小型鱼、虾类。也吃昆虫类、甲壳类、软体动物和蛙等。偶尔也吃水草等少量水生植物。

分布地区： 四川省各地、市、州广泛分布。

039 赤颈䴙䴘 | *Podiceps grisegena* Red-necked Grebe

鉴别特征：中型游禽，体长43～57厘米。嘴短而粗。夏季头顶的两侧羽毛延长和突出，形成黑色冠羽，头顶黑色，颊和喉灰白色。前颈、颈侧和上胸栗红色。后颈和上体灰褐色，下体白色，尾羽黑色。冬季的羽毛为头顶黑色，头侧和喉部为白色，后颈和上体呈黑褐色，前颈为灰褐色，下体白色，尾羽黑色。翅膀的前后缘均为白色，飞翔时较为明显。虹膜黑褐色；嘴黑色，基部黄色；跗跖黑色，内侧微缀有一点黄绿色。

生活习性：栖息于富有水底植物和有挺水植物的淡水湖泊、沼泽和大的水塘中。食物主要为各种鱼类、蛙、蝌蚪、昆虫及幼虫、甲壳动物、软体动物等。觅食方式通过潜水捕食。

分布地区：偶见于成都、广汉、南充、绵阳、内江、宜宾等地。

陈川元/摄

040 凤头䴙䴘 | *Podiceps cristatus* Great Crested Grebe

鉴别特征：体型最大的一种䴙䴘，体长50厘米以上。嘴长尖，从嘴角至眼有一条黑线。颈细长，向上方伸直，通常与水面保持垂直的姿势。夏羽前额至头顶黑色，头顶后部具两束黑色长形冠羽；黑色冠羽经两侧耳区到喉部有长形羽饰形成的环状皱领。冬羽和夏羽基本相似，但上体羽色较暗，头顶羽冠短，皱领消失。虹膜橙红；嘴黑褐（冬季红色）；跗跖内侧黄绿，外侧橄榄绿。

生活习性：主要栖息在开阔的平原、湖泊、江河、水塘、水库和沼泽地带，尤喜富有挺水植物和鱼类的大小湖泊和水塘，也出现在山区湖泊和水塘。

主要以各种鱼类为食，也吃昆虫、虾、甲壳类等水生生物，偶尔也吃少量水生植物。

分布地区：四川各地、市、州广泛分布。但种群数量较少。

041 角䴙䴘 | *Podiceps auritus* Horned Grebe

鉴别特征：中型游禽，体长31～39厘米。嘴直而尖，翅膀短而圆。夏羽头部、后颈和背部黑色，前颈、颈侧、胸部和体侧是栗红色，下嘴的基部到眼睛有一条淡色的纹。从眼睛前面开始向眼后方的两侧各有一簇金栗色的饰羽丛伸向头的后部，呈双角状。冬羽头顶、后颈和背黑褐色，颏、喉、前颈、下体和体侧白色，具白色翼镜。虹膜红色；嘴黑色，嘴端偏白；脚黑蓝或灰色。

生活习性：主要栖息在开阔平原上的湖泊、江河、水塘、水库和沼泽地等环境中，尤其喜欢富有挺水植物和各种鱼类的水域。冬季更多地栖息在沿海的海湾、河口、较大的河流和湖泊以及沼泽地带。

主要食物是各种鱼虾、蛙类、水生昆虫、甲壳类、软体动物等水生无脊椎动物，偶尔吃一些水生植物。

分布地区：罕见于天全、绵阳等地。

资料图片 老照/摄

042 黑颈䴙䴘 | *Podiceps nigricollis* Black-necked Grebe

鉴别特征：中型游禽，体长25～34厘米。嘴细而尖，微向上翘。繁殖期成鸟具松软的黄色耳簇，耳簇延伸至耳羽后，头、前颈和上体黑色。冬羽头顶、后颈和上体黑褐色，颏部白色延伸至眼后呈月牙形，胸侧和两胁杂有灰黑色，无眼后饰羽。虹膜红色；嘴黑色；脚灰黑色。

生活习性：栖息于内陆淡水湖泊、水塘、河流及沼泽地带，特别是富有岸边植物的湖泊和水塘中较常见。

主要通过潜水觅食。食物主要为昆虫及其幼虫、各种小鱼、蛙、蝌蚪、蠕虫以及甲壳类和软体动物，偶尔也吃少量水生植物。

分布地区：见于成都、德阳、广汉、金堂、南充、宜宾、石棉、雅安、若尔盖、石渠等地。

Ⅲ.红鹳目 PHOENICOPTERIFORMES

3.红鹳科 Phoenicopteridae （1种）

043 大红鹳 | *Phoenicopterus roseus* Greater Flamingo

鉴别特征：大型涉禽，体长125～145厘米。雌雄羽色相似，羽色通体主要为白色，微沾粉红色，飞羽黑，覆羽深红；嘴短而厚，上嘴中部突向下曲，下嘴较大成槽状；颈长而曲；脚极长而裸出；翅大小适中；尾短。虹膜黄色，眼先和眼周裸露无羽，为红色；嘴粉红色，尖端黑色；脚粉红色。

生活习性：主要栖息在温带浅水海岸、海湾、海岛、盐水湖泊、沼泽及礁湖的浅水地带，尤喜富有水生生物的泥质浅水水域，偶尔也进到淡水湖泊。喜欢结群生活。

以水中的藻类、原生动物、小蠕虫、昆虫幼虫、软体动物和甲壳类等食物为主。

分布地区：四川首次记录于2012年11月，广汉市鸭子河。2015年11月在金堂县沱江发现了6只；在乐至县发现1只，亚成体。

Ⅳ.鸨形目 OTIDIFORMES

4.鸨科 Otididae （2种）

044 大鸨 | *Otis tarda* Great Bustard

鉴别特征：大型地栖鸟类，体长75～105厘米。繁殖期的雄鸟前颈及上胸呈蓝灰色，头顶中央从嘴基到枕部有一黑褐色纵纹，颏、喉及嘴角有细长的白色纤羽，在喉侧向外突出如须，长10～12厘米。雄鸟的头、颈及前胸灰色，其余下体栗棕色，密布宽阔的黑色横斑。雌雄鸟的两翅覆羽均为白色，在翅上形成大的白斑，飞翔时十分明显。虹膜黄色；嘴偏黄色；脚黄褐色。

生活习性：栖息于广阔草原、半荒漠地带及农田草地，通常成群一起活动。十分善于奔跑，大鸨既吃野草，又吃甲虫、蝗虫、毛虫等。

分布地区：迷鸟，罕见于南充、眉山。

资料图片 曾元福/摄

045 小鸨 | *Tetrax tetrax* Little Bustard

鉴别特征：大型鸟类，体长40～45厘米。雄鸟在夏季上体为灰黄褐色，多具杂斑，下体偏白，颊和喉石板灰色，具黑色翎颌，其上的白色条纹于颈前呈“V”字形，下颈基部具另一较宽的白色领环。飞行时两翼几乎全白，仅前四枚初级飞羽多有黑色。雌鸟颊无灰色，颈、背、上体黄褐色，具黑色斑纹。虹膜偏黄；嘴角质绿色；脚绿黄。

生活习性：栖息于荒漠、平原草地、牧场、开阔的麦田、谷地以及半荒漠地区，有时也出现在有稀疏树木、灌丛的平草地和荒漠地区。并常见于弃耕地和农田边缘。冬季常集群。

主要以昆虫和各种小型无脊椎动物为食，也吃各种植物的嫩叶、幼芽、种子和果实等。

分布地区：单次过境记录于南充市嘉陵江河滩。

资料图片 鸟林细语/摄

V.鹤形目 GRUIFORMES

5.秧鸡科 Rallidae （14种）

046 花田鸡 | *Coturnicops exquisitus* Swinhoe's Rail

鉴别特征： 花田鸡是小型涉禽，体长13～14厘米，是中国最小的田鸡。体色较淡，上体褐色或橄榄褐色，整个上体具黑色的条纹和细窄的白色横斑。前额、眉、头侧和后颈上部为淡橄榄褐色，具细小的白色斑点。贯眼纹为暗褐色。胸部具有淡橄榄褐色的横斑，腹部为淡皮黄白色，两胁和尾下为橄榄褐色，具白色横斑。虹膜褐色，嘴深褐色，下嘴的基部为黄绿色，脚为肉褐色或黄褐色。

生活习性： 栖息于低山丘陵和林缘地带的水稻田、溪流、沼泽、草地、苇塘及其附近草丛与灌丛中。主要以水生昆虫、小型无脊椎动物和水藻等为食。

分布地区： 罕见。四川目前共有两笔记录，首次为1912年4月记录于泸州，第二次记录为1998年9月于成都。

绘制图片/林峤

047 灰胸秧鸡 | *Lewinia striata* Slaty-breasted Banded Rail

鉴别特征： 小型涉禽，体长22～29厘米。背多具白色细纹，头顶栗色，颏、喉白色；背灰褐色；颊、颈侧和胸蓝灰色；两翼及尾具白色细纹，两胁及尾下具较粗的黑白色横斑。虹膜棕红色或橙黄色；上嘴黑色，下嘴偏红；脚青灰色或橄榄褐色。

生活习性： 栖息于水田、溪畔、水塘、湖岸、水渠和芦苇沼泽地带及其附近灌丛与草丛中。常单独或成家族群活动，多在清晨和黄昏活动。

主要以水生昆虫、虾、蟹、螺、蚂蚁、金龟子等动物为食，也吃植物嫩叶、幼芽、根、坚果和种子等。

分布地区： 见于成都、南充、内江等地。

048 西秧鸡 | *Rallus aquaticus* Water Rail

049 普通秧鸡 | *Rallus indicus* Brown-cheeked Rail

活动于沼泽湿地中的普通秧鸡

普通秧鸡原为普通秧鸡的两个亚种，即新疆亚种*R. a. korejewi*和东北亚种*R. a. indicus*，新疆亚种更名为西秧鸡，东北亚种提升为种即普通秧鸡。两种秧鸡除在繁殖地与分布上有较大差别外，在色泽上也有一些差别，西秧鸡体羽色泽较淡，而普通秧鸡色泽较暗。西秧鸡和普通秧鸡在四川均有分布记录。下面仅以普通秧鸡进行描述。

鉴别特征：小型涉禽，体长24～28厘米。嘴较长，上体橄榄绿色而多纵纹，头顶褐色，脸灰，眉纹浅灰而眼线深灰。颏白，颈及胸灰色，两胁具黑白色横斑。虹膜红褐色；嘴红色，嘴峰角褐色，繁殖期嘴峰亦为红色；脚黄褐色或肉褐色。

生活习性：栖息于开阔平原、低山丘陵和山脚平原地带的沼泽、稻田、水塘、河流、湖泊等水域岸边及其附近灌丛、草地和沼泽地带。性甚隐秘，单独或成小群于夜间或晨、昏活动。

主要以昆虫、蠕虫、小鱼、甲壳类、软体动物等为食，也食部分植物果实、种子和农作物。

分布地区：见于成都、广汉、南充、内江、宜宾、西昌、若尔盖等地。

050 棕背田鸡 | *Zapornia bicolor* Black-tailed Crake

鉴别特征： 小型涉禽，体长19～25厘米。上体暗棕褐色，头颈和下体深烟灰色，顶和枕部颜色较暗，尾黑色，尾上覆羽缀有白斑。背和两翅覆羽及内侧次级飞羽暗棕褐色，初级飞羽和外侧次级飞羽暗褐色。胸部及腹部中央呈暗灰色，并具有暗橄榄褐色的横斑。雌雄同色。虹膜红色；嘴偏绿，嘴基有红色斑，到繁殖期时此红斑更为鲜艳；脚和趾为暗红色或砖红色。

生活习性： 栖息于低山丘陵和林缘地带的水稻田、溪流、沼泽、草地、苇塘及其附近草丛与灌丛中，以及林中草地和河流两岸的沼泽及草地上。常在早晨和傍晚出来到开阔的草地上活动，遇到危险时则急速往草丛或水边奔跑。

以水生昆虫和其他小型无脊椎动物为食。

分布地区： 见于乐山、内江等地。

陈川元/摄

051 小田鸡 | *Zapornia pusilla* Baillon's Crake

鉴别特征：小型涉禽，体长15～19厘米。上体橄榄褐色，背具黑色条纹和白色斑点。脸、喉和胸灰色，嘴短，背部具白色纵纹，两胁及尾下具白色细横纹。颏、喉白色。虹膜红色；嘴暗绿色；脚黄绿色。

生活习性：栖息于山地森林和平原草地之湖泊、沼泽、苇荡、蒲丛等湿地环境，有时也出现于水稻田及其附近草丛与灌丛中。

主要以水生昆虫、虾和软体动物为食，也吃绿色植物和种子。

分布地区：罕见于泸州、西昌等地。

052 红胸田鸡 | *Zapornia fusca* Ruddy-breasted Crake

鉴别特征：小型涉禽，体长19～23厘米。后顶及上体纯褐色，头侧及胸深棕红色，颏白，腹部及尾下近黑并具白色细横纹。翅暗褐色，羽缘微沾橄榄褐色。幼鸟较成鸟上体更浓褐，头侧、胸和上腹栗红色，缀有灰白色，下腹和两胁淡灰褐色，微具稀疏的白色斑点。虹膜红色；嘴绿灰色或蓝灰色；脚红色。

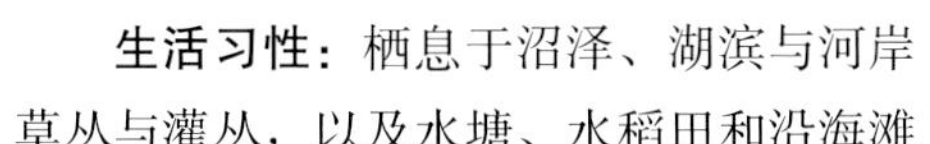

生活习性：栖息于沼泽、湖滨与河岸草丛与灌丛，以及水塘、水稻田和沿海滩涂与沼泽地带。也出现于低山丘陵、林缘和林中沼泽。常在黎明、黄昏和夜间活动，白天多隐藏在灌丛与草丛中。性胆小，善奔跑和匿藏，飞行能力很好，快而直，一般紧贴水面或地面飞行。

主要以水生昆虫、软体动物和水生植物叶、芽、种子为食。

分布地区：见于成都、广汉、德阳、绵阳、南充、阆中、遂宁、内江、宜宾、西昌等地。

053 斑胁田鸡 | *Zapornia paykullii* Band-bellied Crake

鉴别特征：中等体型，体长约22厘米的红褐色田鸡。嘴短，头顶及上体深褐色。头侧及胸栗色，两胁及尾下近黑而具白色细横纹。枕及颈深色。虹膜红色；嘴蓝灰色或偏黄；脚红色。

生活习性：栖息于低山丘陵和草原地带的湖泊、溪流、水塘岸边及其附近沼泽与草地上。常单独或成小群活动。夜行性。主要在晚上和晨昏活动。白天多匿藏在灌丛和草丛中。

以昆虫及幼虫为食。也吃蜗牛、软体动物及其他小型无脊椎动物和植物果实与种子。

分布地区：偶见于南充、宜宾等地。

054 白眉苦恶鸟 | *Amaurornis cinerea* White-browed Crake

鉴别特征：小型涉禽，体长约20厘米。嘴粗短。脸至胸部灰色。眼上、下各有一道白眉和白斑，贯眼纹橄榄褐色，头部斑纹明显。上体浅橄榄褐色，具深褐色斑点。虹膜红色；嘴基红色，嘴尖黄色；脚橄榄绿色。

生活习性：栖息于沼泽、漫水草地、水稻田以及水塘和湖泊边沼泽地带。多晨昏活动，性羞怯，通常单独或成对活动。

主要以水生昆虫类和植物种子为食。

分布地区：罕见于西昌、盐源等地。

055 白胸苦恶鸟 | *Amaurornis phoenicurus* White-breasted Waterhen

鉴别特征：中型涉禽，体长26～35厘米。头顶及上体深灰色，脸、额、胸及上腹部白色，腰和尾上覆羽橄榄灰色；腹及尾下覆羽栗红色；两翅和尾黑褐色，第一枚初级飞羽外翈具白缘。虹膜红色；嘴偏绿，嘴基红色；脚淡黄绿色。

生活习性：栖息于长有芦苇或杂草的沼泽地和有灌木的高草丛、竹丛、水稻田、甘蔗田中，以及河流、湖泊和池塘边。常单独或成对活动。

杂食性。主要以螺、蜗牛、蚂蚁和昆虫等动物性食物为食，也吃植物花、芽、草籽和麦粒、稻谷等农作物。

分布地区：四川省各地、市、州广泛分布。

056 董鸡　*Gallicrex cinerea*　Watercock

鉴别特征：中型涉禽，体长31～53厘米。雄鸟头顶、头侧、枕、颈灰黑色，背和两肩棕褐色；下背、腰、尾上覆羽和尾羽黑褐色，具暗棕色羽缘；下体灰黑色，羽端白色，形成横斑状。繁殖期雄鸟具红色的尖形角状额甲。雌鸟体型较小，额甲不显著，上体灰黑色，下体具细密横纹。虹膜褐色；嘴黄绿；脚绿色，繁殖雄鸟为红色。

生活习性：栖息于芦苇沼泽、灌水的稻田或湖边草丛和多水草的沟渠。多在晨昏活动，阴天时可整天活动。站立姿势挺拔；飞行时颈部伸直，平时很少起飞，善于涉水行走和游泳，雄鸟行走时尾翘起，头前后点动。

杂食性。主要吃水蜘蛛、螺、虾、水生昆虫以及植物嫩叶、禾本科植物草籽和谷粒。

分布地区：偶见于成都、简阳、雅安、宜宾、内江、泸州、南充等地。

陈川元/摄

057 紫水鸡 | *Porphyrio porphyrio* Purple Swamphen

鉴别特征：通体为紫蓝色。嘴粗壮，鲜红色。鲜红色的额甲宽大，后缘呈截形。头侧、颏、喉灰白而略沾蓝绿色；上胸浅蓝绿色，胸侧、下胸和两胁与背相似，呈紫蓝色；腹暗褐而沾紫色。翅圆形。虹膜深血红色；嘴血红色；脚和趾暗红色或棕黄色。

生活习性：栖息于有水生植物的湖泊、河流、池塘、漫滩或沼泽地中。常成对或成家族群活动。性温顺而胆小，多在清晨和黄昏活动。

杂食性，但主要以植物为食，吃水生和半水生植物的嫩枝、叶、根、茎、花和种子。也食小蟹、鱼、蛙、昆虫等动物性食物。

分布地区：见于西昌、盐源、蒲江等地。西昌邛海可见繁殖小种群。

058 黑水鸡 | *Gallinula chloropus* Common Moorhen

鉴别特征：中型涉禽，体长24～35厘米。头、颈、上背蓝灰黑色；下背、两肩、翅覆羽一直到尾上覆羽橄榄褐色；两胁具宽阔的白色纵纹，尾下有两块白斑，尾上翘时此白斑尽显；嘴短；脚上部有一鲜红色环带。虹膜红色；嘴端淡黄绿色，上嘴基部至额板红色，下嘴基部黄色；脚黄绿色。

生活习性：栖息于富有芦苇和水生挺水植物的沼泽、湖泊、水库、苇塘、水渠和水稻田中。常成对和成小群活动。

杂食性。主要吃水生植物嫩叶、幼芽、根茎以及水生昆虫、蠕虫、蜘蛛、软体动物、蜗牛等食物。白天活动和觅食。

分布地区：四川省各地、市、州广泛分布。

059 白骨顶 | *Fulica atra* Common Coot

鉴别特征：中型水禽，体长35～43厘米。通体黑色，额甲白色，次级飞羽具白色羽端，在黑色的两翅形成黑白分明的翼斑，飞翔时明显可见。趾间具瓣状蹼。虹膜红褐色；嘴白色；脚灰绿色。

生活习性：栖息于低山、丘陵和平原草地地带的各类水域中。其中尤以富有芦苇等挺水植物的湖泊、水库、水塘、苇塘、水渠、河湾和深水沼泽地带最为常见。

主要吃小鱼、虾、水生昆虫、水生植物嫩叶、幼芽、果实、蔷薇果和其他各种灌木浆果与种子；也吃眼子菜、看麦娘、水绵、轮藻、黑藻、丝藻、茨藻和小茨藻等藻类。

分布地区：四川省各地、市、州广泛分布。

6.鹤科 Gruidae （3种）

060 蓑羽鹤 | *Grus virgo* Demoiselle Crane

鉴别特征：大型涉禽，体长68～92厘米。通体蓝灰色。眼先、头侧、喉和前颈黑色，眼后有一白色耳簇羽极为醒目。喉和前颈黑色，羽毛极度延长成蓑状，悬垂于前胸。飞翔时翅尖黑色。虹膜红色或紫红色；嘴黄绿色；脚和趾黑色。

生活习性：栖息于高原、草原、沼泽、半荒漠及寒冷荒漠地区，分布海拔可达5 000米。飞行时呈"V"字形编队，颈伸直。

分布地区：罕见过境鸟，曾记录于宝兴。

资料图片 文科/摄

061 灰鹤 | *Grus grus* Common Crane

鉴别特征： 大型涉禽，体长100～120厘米。颈、脚均甚长，全身羽毛大都灰色，前顶冠黑色，头顶裸出部朱红色，并具稀疏的黑色发状短羽。自眼后有一道宽的白色条纹伸至颈背。初级飞羽、次级飞羽黑褐色，三级飞羽灰色，仅羽端略呈黑色，延长弯曲成弓状，羽枝分离成毛发状。虹膜褐色；嘴青灰色，嘴端偏黄；脚黑色。

生活习性： 栖息于开阔平原、草地、沼泽、河滩、旷野、湖泊以及农田地带，尤其是富有水边植物的开阔湖泊和沼泽地带。通常呈5～10只的小群活动，迁徙期间集群活动。

主要以植物的叶、茎、嫩芽，草籽、玉米、谷粒、马铃薯、白菜、软体动物、昆虫、蛙、蜥蜴、鱼类等食物为食。

分布地区： 见于成都、乐山、彭州、南充、宝兴、西昌、盐源、雅江、理塘、阿坝、红原等地。

062 黑颈鹤 | *Grus nigricollis* Black-necked Crane

黑颈鹤幼鸟

鉴别特征：大型涉禽，体长110～120厘米。颈、脚甚长，通体灰白色。头、喉及整个颈黑色，仅眼下、眼后具白色块斑，裸露的眼先及头顶红色，头顶布有少许像头发一样的黑色短羽；尾、初级飞羽及形长的三级飞羽黑色。虹膜淡黄色；嘴角黄色，先端灰绿色；腿黑色。

生活习性：栖息于海拔3000～5000米的高原，通常生活在沼泽地、湖泊及河滩等湿地环境。除繁殖期常成对、单只或家族群活动外，其他季节多成群活动，特别是冬季在越冬地，常集成数十只的大群。

主要以植物叶、根茎、块茎，水藻、玉米等为食。

分布地区：见于宜宾、雅安、石棉、天全、理塘、巴塘、石渠、红原、若尔盖、阿坝等地。川西高原沼泽湿地为黑颈鹤的主要栖息地和繁殖地。

Ⅵ.鸻形目 CHARADRIIFORMES

7.鹮嘴鹬科 Ibidorhynchidae （1种）

063 鹮嘴鹬 | *Ibidorhyncha struthersii* Ibisbill

鉴别特征： 中型涉禽，体长37～42厘米。嘴长且下弯。夏羽额、头顶、脸、颏和喉全为黑色，为连成一块的黑斑状。一道黑白色的横带将灰色的上胸与其白色的下部隔开。肩、背等整个上体灰褐色，翼下白色，翼上中心具大片白色斑。冬羽和夏羽相似。但脸微具不清晰的白色羽尖。虹膜红色；嘴绯红色；脚绯红色。

生活习性： 栖息于山地、高原和丘陵地区的溪流和多砾石的河流沿岸。可分布于海拔达4500米左右的高山地区。冬季多到低海拔的山脚地带活动。常单独或成3~5只的小群出入于河流两岸的砾石滩和沙滩上活动和觅食。

主要食蠕虫、蜈蚣以及蜉蝣目、毛翅目、等翅目、半翅目、鞘翅目、膜翅目等昆虫。也吃小鱼、虾、软体动物。

分布地区： 见于阿坝、红原、若尔盖、石渠、理塘、宜宾、南充等地。

8.反嘴鹬科 Recurvirostridae （2种）

064 黑翅长脚鹬 | *Himantopus himantopus* Black-winged Stilt

鉴别特征： 中型涉禽，体长35～40厘米。脚特别长而细，嘴细长。夏羽雄鸟额白色，头顶至后颈黑色，或白色而杂以黑色。肩、背和翅上覆羽黑色，富有绿色金属光泽。初级飞羽、次级飞羽、三级飞羽黑色，微具绿色金属光泽。雌鸟和雄鸟基本相似，但整个头、颈全为白色。雄鸟冬羽和雌鸟夏羽相似，头颈均为白色，头顶至后颈有时缀有灰色。虹膜粉红；嘴黑色；腿及脚淡红色。

生活习性： 栖息于开阔平原草地中的湖泊、浅水塘、水稻田和沼泽地带。常单独、成对或集群在浅水中或沼泽地上活动。

主要以软体动物、虾、甲壳类、环节动物、昆虫及其幼虫等动物性食物为食。

分布地区： 见于成都、金堂、雅安、天全、广汉、德阳、绵阳、南充、阆中、遂宁、内江、宜宾、西昌等地。

065 反嘴鹬 | *Recurvirostra avosetta* Pied Avocet

鉴别特征： 中型涉禽，体长38～45厘米。嘴细长并向上翘。眼先、前额、头顶、枕和颈上部绒黑色或黑褐色，形成一个经眼下到后枕，然后弯下后颈的黑色帽状斑。其余颈部、背、腰、尾上覆羽和整个下体白色。尾白色，末端深灰色。虹膜褐红；嘴黑色；腿及脚蓝灰色。

生活习性： 栖息于河流漫滩、湖泊、浅水塘和沼泽地带。常单独、成对或成小群在浅水中或沼泽地上活动。

主要以软体动物、虾、甲壳类、环节动物、昆虫，以及小鱼和蝌蚪等动物性食物为食。

分布地区： 见于成都、金堂、广汉、德阳、绵阳、南充、遂宁、雅安、天全、内江、宜宾、西昌等地。

9.鸻科 Charadriidae （11种）

066 凤头麦鸡 | *Vanellus vanellus* Northern Lapwing

鉴别特征：中型涉禽，体长29～34厘米。雄鸟夏羽额、头顶和枕黑褐色，头顶具细长而稍向前弯的黑色冠羽，像突出于头顶的角。眼先、眼上和眼后灰白色和白色，并混杂有白色斑纹。眼下黑色，颏、喉黑色。下体白色，胸具宽阔的黑色环带。雌鸟和雄鸟基本相似，但头部羽冠稍短，喉部常有白斑。冬羽头淡黑色或皮黄色，羽冠黑色，颏、喉白色。虹膜暗褐色；嘴黑色；脚肉红色或暗橙栗色。

生活习性：栖息于河滩、湖泊、水塘、沼泽、溪流和农田地带。常成群活动，特别是冬季，常集成数十至数百只的大群。善飞行，常在空中上下翻飞。有时也栖息于水边或草地上，当人接近时，常伸颈注视，发现有危险，则立即起飞。

主要吃甲虫、鞘翅目、鳞翅目昆虫、金花虫、天牛幼虫、蚂蚁、石蛾、蝼蛄等昆虫和幼虫，也吃虾、蜗牛、螺、蚯蚓等小型无脊椎动物。此外也吃大量杂草种子和植物嫩叶。

分布地区：四川省各地、市、州广泛分布。

067 灰头麦鸡 | *Vanellus cinereus* Grey-headed Lapwing

鉴别特征：中型水边鸟类，体长32～36厘米。夏羽头、颈、胸灰色；上背及背褐色；下胸具黑色横带，其余下体白色。腿较细长，黄色。翼尖、尾部横斑黑色。冬羽头、颈多褐色，颏、喉白色，黑色胸带部分不清晰。虹膜红色；嘴黄色，嘴端黑；脚黄色。

生活习性：栖息于平原草地、沼泽、湖畔、河边、水塘以及农田地带。常成对或成小群活动，喜欢长时间地站在水边半裸的草地和田埂上休息。或不时双双飞入空中，盘旋一会儿再落下。常常和凤头麦鸡混群活动。

主要啄食甲虫、蝗虫、蚱蜢、鞘翅目和直翅目昆虫，也吃水蛭、螺、蚯蚓、软体动物和植物叶及种子。

分布地区：见于成都、金堂、广汉、德阳、绵阳、南充、遂宁、天全、古蔺、内江、宜宾、西昌、红原、理塘、会东等地。

068 金鸻 | *Pluvialis fulva* Pacific Golden Plover

鉴别特征： 小型水鸟，体长22～25厘米。夏羽前额、眼先、颏、喉、下体中部和两胁纯黑色，具白色斑点；头顶、后颈中部、上背、肩、下背、腰黑色，具金黄色斑点；自额经眉纹，沿颈侧而下到胸侧有一条呈“Z”字形的白带。冬羽上体灰褐色，羽缘淡金黄色，下体灰白色，有不明显的黄褐色斑点，眉纹黄白色。虹膜褐色；嘴黑色；脚灰黑色。

生活习性： 栖息于沿海海滨、湖泊、河流、水塘岸边及其附近沼泽、草地、农田和耕地上。常单独或成小群活动。

主要以甲虫、鞘翅目、鳞翅目和直翅目昆虫、蠕虫、小螺、软体动物和甲壳类等动物性食物为食。

分布地区： 见于成都、金堂、广汉、德阳、绵阳、南充、遂宁、天全、内江、宜宾、西昌、理塘等地。

069 灰鸻 *Pluvialis squatarola* Grey Plover

鉴别特征：中小型水鸟，体长27～32厘米。夏羽上体呈黑白斑驳状，额白色，往后形成一白带沿头侧经眼上往后到耳部，再沿颈侧而下到胸侧，下体从眼眉以下到腹全为黑色。腰、尾白色，尾具黑色横斑。飞行时翼纹和腰部偏白，黑色的腋羽于白色的下翼基部成黑色块斑。冬羽下体黑色消失，呈淡灰色，具黑色纵纹，眉纹白色。虹膜褐色；嘴黑色；脚黑色。

生活习性：冬季和迁徙期主要栖息于沿海海滨、沙洲、河口、江河与湖泊沿岸；特别喜欢海滨潮间地带。也出现于沼泽、水塘、草地、水稻田和农田地带。常成小群活动，迁徙和越冬期间也常集成大群。

主要以水生昆虫、虾、螺、蟹、蠕虫、甲壳类和软体动物为食。

分布地区：见于成都、金堂、广汉、德阳、绵阳、南充、内江、宜宾、西昌等地。

070 剑鸻 | *Charadrius hiaticula* Common Ringed Plover

鉴别特征：小型涉禽，体长18～24厘米。眼先、前额基部黑色，有一白色条带横于额前。耳羽黑色或黑褐色，白色的眉纹延伸至眼后。完整的白色颈圈与颏、喉的白色相连。胸前的黑色或黑褐色胸带较宽，且一直环绕至颈后。跗跖修长，胫下部亦裸出。中趾最长，趾间具蹼或不具蹼。翅形尖而长。尾形短圆。飞行时可见明显的白色翼下覆羽与腋羽。头顶、肩羽、翼上覆羽、三级飞羽灰褐色，背部至尾上覆羽亦为灰褐色。

生活习性：栖息于江河溪流漫滩、塘库、开阔的水稻田和沼泽地等。单个或成小群活动。

主要以龙虱、步行甲等昆虫和幼虫为食，也吃甲壳动物、蚯蚓等其他小型无脊椎动物、植物嫩芽和杂草种子。

分布地区：见于成都、金堂、广汉、德阳、绵阳、南充、遂宁、天全、内江、宜宾、乐山等地。

071 长嘴剑鸻 *Charadrius placidus* Long-billed Plover

鉴别特征：小型涉禽，体长18～24厘米。夏羽额白色，头顶前部紧靠白色额部有一宽的黑色横带；上体灰褐色，颈肩处有黑白双重颈环；眉纹白色；下体白色。冬羽额带、胸带和贯眼纹褐色。虹膜褐色；嘴黑色，下嘴基部黄色；腿及脚暗黄。

生活习性：栖息于河流、湖泊、海岸、河口、水塘、水库岸边和沙滩上。也出现于水稻田和沼泽地带。单独或成小群活动。在地上行走迅速，常沿水边边走边觅食，性机警。

主要以龙虱、步行甲、象甲、金龟甲、蚂蚁、蝇等鞘翅目、鳞翅目、膜翅目、直翅目、半翅目等昆虫和幼虫为食。也以植物嫩芽和种子为食。

分布地区：见于成都、广汉、德阳、绵阳、南充、遂宁、内江、宜宾、乐山等地。

072 金眶鸻 | *Charadrius dubius* Little Ringed Plover

鉴别特征：小型涉禽，体长15～18厘米。夏羽上体沙褐色，黄色眼圈明显，嘴短。额具一宽阔的黑色横带，后颈具一白色领环，往前与颏、喉白色相连。紧接白色领环之后有一窄的黑色颈环，到前胸黑环变宽。冬羽额部黑带消失，胸带褐色或不显。虹膜褐色；嘴黑色；腿橙黄色。

生活习性：栖息于开阔平原和低山丘陵地带的湖泊、河流岸边以及附近的沼泽、草地和农田地带，也出现于沿海海滨、河口沙洲以及附近盐田和沼泽地带。常单只或成对活动，偶尔也集成小群。

主要吃鳞翅目、鞘翅目及其他昆虫、蠕虫、蜘蛛、甲壳类、软体动物等小型水生无脊椎动物。

分布地区：四川省各地、市、州广泛分布。

073 环颈鸻 *Charadrius alexandrinus* Kentish Plover

鉴别特征：小型涉禽，体长17～21厘米。雄鸟上体沙褐色或灰褐色，下体纯白。前额白色，前额基部和顶部黑色，眼先黑色，经眼至耳覆羽有一条宽阔的黑色贯眼纹；眼后上方有白色眉斑。后颈具黑白两道颈环。飞行时具白色翼上横纹，尾羽外侧更白；雄鸟胸侧具黑色块斑；雌雄相似，但雌鸟体色较暗，额带、眼先、贯眼纹、胸侧断裂的颈环均为沙褐色而不为黑色。虹膜褐色；嘴黑色；腿黑色。

生活习性：栖息于沙滩、泥地、沼泽、河口沙洲、河流、湖泊、水塘、盐碱湿地、沼泽和水稻田等水域岸边。常单独或成小群活动。迁徙季节和冬季也集成大群。

主要以昆虫、蠕虫、甲壳类、软体动物等各种小型无脊椎动物为食。

分布地区：见于成都、金堂、广汉、德阳、绵阳、南充、遂宁、天全、内江、宜宾、乐山、西昌、理塘、阿坝等地。

074 蒙古沙鸻 *Charadrius mongolus* Lesser Sand Plover

鉴别特征：小型涉禽，体长18～20厘米。夏羽头顶部灰褐沾棕，头顶前部具一黑色横带，上体灰褐色，下体白色。眼先、贯眼纹和耳羽黑色，其上后方有一白色眉斑；颏、喉白色；后颈棕红色，向两侧延伸至上胸与胸部棕红色相连，形成一完整的棕红色颈环；翅具白色翅斑。雌鸟和雄鸟相似，但额无黑斑。冬季胸部棕红色消失，贯眼纹褐色，眉纹白色。虹膜黑褐色；嘴黑色；腿暗灰绿色。

生活习性：栖息于沙滩、河口、湖泊、河流等水域岸边，以及附近沼泽、草地和农田地带，也出现于荒漠、半荒漠和高山地带的水域岸边及其沼泽地上，有时也到离水域较远的草原和田野活动和觅食。

主要取食昆虫、软体动物、蠕虫、蝼蛄、蚱蜢、螺等小型动物。

分布地区：偶见于红原、广汉等地。

075 铁嘴沙鸻 | *Charadrius leschenaultii* Greater Sand Plover

鉴别特征：小型涉禽，体长19～23厘米。雄鸟夏羽前额白色，额上部有一黑色横带，眼先和贯眼纹黑色，后颈栗棕色，其余上体暗沙褐色；上胸具栗棕红色胸带；翅上白色翅斑较短而窄，尾沙褐色；下体白色。冬羽和夏羽大致相似，但缺少黑色和栗棕红色，夏羽的黑色和栗棕色部分变为灰褐色或沙褐色，胸带亦变短。虹膜暗褐色；嘴黑褐色；脚黑色。

生活习性：栖息于海滨沙滩、河口、内陆河流、湖泊岸边以及附近沼泽和草地上。常呈2～3只的小群活动，偶尔也集成大群，多喜欢在水边沙滩或泥泞地上边跑边觅食。

主要以昆虫、小型甲壳类和软体动物为食。

分布地区：见于成都、金堂、广汉、德阳、绵阳、南充、遂宁、天全、内江、宜宾、乐山等地。

076 东方鸻 | *Charadrius veredus* Oriental Plover

鉴别特征： 小型涉禽，体长22～26厘米。雄鸟夏羽头顶、背褐色或沙褐色，额、头侧、眉纹皮黄白色；颏、喉白色；前颈棕色，后颈淡皮黄色；胸棕栗色，其下有一黑色胸带；下体白色，具褐色胸带；嘴细长。冬季胸部黑带消失，上体具皮黄色或棕色羽缘。雌鸟头顶灰褐色，胸灰褐色，有时缀有点栗色和黑色。虹膜褐色；嘴黑色；腿黄色或橄榄灰色至淡色。

生活习性： 栖息于干旱平原，山脚岩石荒地、盐碱沼泽、草地和淡水湖泊与河流岸边。有时也远离水域。常单独或成小群活动，迁徙和冬季期间也常集成大群。

主要以昆虫为食。

分布地区： 偶见于天全、南充、绵阳等地。

资料图片　班长/摄

10.彩鹬科 Rostratulidae （1种）

077 彩鹬 | *Rostratula benghalensis* Greater Painted Snipe

鉴别特征：中小型水鸟，体长24～28厘米。雄鸟眼先、头顶至枕黑褐色，头具淡黄色中央纹，眼周淡黄色；背具横斑，两侧具黄色纵带，翼具淡黄色眼镜斑；胸至尾下覆羽白色，胸至背有一白色宽带。雌鸟头及胸深栗色，眼周白色；背及两翼偏绿色，背上具白色的“V”形纹并有白色条带绕肩至白色的下体。虹膜褐色；嘴黄褐色或红褐色；脚橄榄绿褐色或灰绿色。

生活习性：栖息于平原、丘陵和山地中的芦苇水塘、沼泽、河渠、河滩草地和水稻田中。性隐秘而胆小，多在晨昏和夜间活动。

以昆虫、蝗虫、蟹、虾、蛙、螺、蚯蚓、软体动物，植物叶、芽、种子和谷物等各种小型无脊椎动物和植物性食物为食。

分布地区：见于成都、金堂、广汉、德阳、绵阳、南充、遂宁、内江、宜宾、乐山、西昌等地。

11.水雉科 Jacanidae （1种）

078 水雉 | *Hydrophasianus chirurgus* Pheasant-tailed Jacana

鉴别特征： 中型水鸟，体长40～50厘米。夏羽头、颏、喉和前颈白色，后颈金黄色，枕部和其余体羽黑色，翅白色，具特别长的黑色尾。趾、爪较长。虹膜淡黄色；嘴褐色，尖端沾黄色；脚暗绿色至暗铅色。

生活习性： 栖息于富有挺水植物和飘浮植物的淡水湖泊、池塘和沼泽地带。单独或成小群活动，冬季有时也集成大群。性活泼，善行走，行走时步履轻盈，能在飘浮于水面的浮叶水生植物上来回奔走和停息。也善游泳和潜水。

以昆虫、虾、软体动物、甲壳类等小型无脊椎动物和水生植物为食。

分布地区： 见于成都、绵阳、南充、遂宁、宜宾、西昌等地。

12.鹬科 Scolopacidae （33种）

079 丘鹬 | *Scolopax rusticola* Eurasian Woodcock

鉴别特征：中型涉禽，体长32～42厘米。体长而肥胖，嘴长粗而直；前额灰褐色杂有淡黑褐色及赭黄色斑，头顶和枕绒黑色，具3～4条黑色横带；背及肩红褐色，具黑白斑纹和4条灰白色纵线。下背、腰、尾上覆羽具黑褐色横斑。虹膜深褐色；嘴蜡黄色，尖端黑褐色；脚灰黄色或蜡黄色。

生活习性：栖息于阴暗潮湿、林下植物发达、落叶层较厚的阔叶林和混交林中，有时也见于林间沼泽、湿草地和林缘灌丛地带。迁徙期间和冬季，也见于开阔平原和低山丘陵地带的山坡灌丛、竹林和农田地带。多夜间活动。

主要以鞘翅目、双翅目、鳞翅目昆虫、蚯蚓、蜗牛等小型无脊椎动物为食，有时也食植物根、浆果和种子。觅食多在晨昏和晚上。

分布地区：见于成都、德阳、绵阳、南充、宜宾、西昌、汶川、甘孜、理塘等地。

080 孤沙锥 | *Gallinago solitaria* Solitary Snipe

鉴别特征：中小型涉禽，为沙锥中个体最大者，体长26～32厘米。头顶黑褐色，具一条白色中央冠纹，具淡栗色斑点；头侧和颈侧白色，具暗褐色斑点，眉纹白色；上体赤褐色，背具4条白色纵带；尾具黑色横斑和宽阔的棕红色次端斑；胸淡黄褐色，喉和腹白色；两胁、腋羽和翼下覆羽白色而具密集的黑褐色横斑，飞翔时极为明显。虹膜黑褐色；嘴铅绿色，尖端黑色，下嘴基部黄绿色；脚黄绿色。

生活习性：栖息于山地森林中的河流与水塘岸边以及林中和林缘沼泽地上，迁徙期间和冬季也常出现在不冻的水域、水稻田和沼泽地区。常单独活动，不与其他鹬类和其他沙锥混群。

主要以昆虫、蠕虫、软体动物、甲壳类等无脊椎动物为食，也吃部分植物种子。

分布地区：见于成都、金堂、德阳、绵阳、平武、南充、宜宾、宝兴、木里、德格、石渠、巴塘等地。

资料图片 鸟林细语/摄

081 林沙锥 *Gallinago nemoricola* Wood Snipe

鉴别特征：中小型涉禽，体长28～32厘米。前额褐色，头顶至后颈黑色；眉纹白色，中央冠纹棕色但不明显；眼先至眼和耳羽下面至枕，各有一条黑褐色带斑；脸具偏白色纹理，胸棕黄色而具褐色横斑，下体余部白色具褐色细斑。虹膜黑褐色；嘴基部褐色，尖端黑色，下嘴基部黄色；脚灰绿色。

生活习性：夏季主要栖息于海拔1000米以上的高山森林地带，最高可达海拔5000米左右，冬季常下到低山和山脚平原地带。常活动在林中河流和水塘岸边及其附近沼泽与草地上。性胆小而孤僻，常单独活动。飞行缓慢而笨重。

主要以昆虫等小型动物为食。

分布地区：罕见于汶川。

资料图片 传奇/摄

082 针尾沙锥 | *Gallinago stenura* Pintail Snipe

鉴别特征：小型涉禽，体长19～24厘米。头绒黑色，羽端缀有少许棕红色。从额基经头顶中央到枕部有一条白色或棕白色中央纹，眉纹黄棕白色；眼先白色，从嘴基开始有一黑色贯眼纹经眼先；下体污白色具黑色纵纹和横斑；外侧尾羽特别窄而硬挺，宽度1～3毫米，形如针状，较中央尾羽明显为短，尾呈扇形。虹膜黑褐色；嘴尖端黑褐色，基部黄绿色或暗黄色；脚偏黄。

生活习性：主要栖息于开阔的低山丘陵和平原地带的河漫滩、湖缘、水库、水塘、溪沟、沼泽、草地和农田等水域湿地。

主要以昆虫、甲壳类和软体动物等小型无脊椎动物为食。常将细长的嘴插入泥中取食。有时也吃部分农作物种子和草籽。觅食主要在清晨和黄昏。

分布地区：见于成都、金堂、广汉、德阳、绵阳、南充、阆中、遂宁、内江、宜宾、乐山、雷波等地。

083 大沙锥 | *Gallinago megala* Swinhoe's Snipe

鉴别特征：小型涉禽，体长26～30厘米。上体黑褐色，杂有棕白色和红棕色斑纹；眉纹苍白色，眼先污白色，具两条黑褐色纵纹；后颈杂有淡黄棕色和白色；背、肩和翼上覆羽黑褐色、黄褐色及黄白色组成斑驳；胸侧、胁、腹侧具褐色横斑。腹部白色。尾羽具宽的棕红色次端斑，端缘黄白色。虹膜暗褐色；嘴褐色，或基部为灰绿色、尖端暗褐色；脚绿色或黄绿色。

生活习性：繁殖季节主要栖息于针叶林或落叶阔叶林中的河谷、草地和沼泽地带。非繁殖期则主要栖息于开阔的湖泊、河流、水塘、芦苇沼泽和水稻田地带。常单独、成对或成小群活动。

主要以昆虫、环节动物、蚯蚓、甲壳类等小型无脊椎动物为食。

分布地区：见于成都、金堂、绵阳、南充、宜宾等地。

084 扇尾沙锥 | *Gallinago gallinago* Common Snipe

鉴别特征：小型涉禽，体长22～28厘米。嘴粗长而直，上体黑褐色，后颈棕红褐色，具黑色羽干纹；头顶具乳黄色或黄白色中央冠纹；眉纹乳黄白色，眼先淡黄白色或白色，贯眼纹黑褐色；下体淡皮黄色具褐色纵纹；尾具宽阔的棕色亚端斑和窄的白色端斑。虹膜黑褐色；嘴端部黑褐色，基部黄褐色；脚橄榄色。

生活习性：繁殖期主要栖息于冻原和开阔平原上的淡水或盐水湖泊、河流、芦苇塘和沼泽地带。尤喜富有植物和灌丛的开阔沼泽和湿地，也出现于林间沼泽。非繁殖期除河边、湖岸、水塘等水域生境外，也出现于水田、鱼塘、溪沟、水洼地、河口沙洲和林缘水塘等生境。

主要以蚂蚁、金针虫、小甲虫、鞘翅目等昆虫、蠕虫、蜘蛛、蚯蚓和软体动物为食，偶尔也吃小鱼和杂草种子。

分布地区：见于成都、金堂、广汉、德阳、绵阳、南充、阆中、遂宁、内江、宜宾、乐山、西昌等地。

085 长嘴半蹼鹬 | *Limnodromus scolopaceus* Long-billed Dowitcher

鉴别特征：小型涉禽，体长27厘米左右，夏季上体暗红褐色，具淡色和棕色羽缘，眉纹白色，头顶、脸和前颈具黑褐色斑点；下体锈红色；胸和两侧具黑色横斑；下背纯白色，呈楔形；腰和尾白色具黑色横斑。冬羽灰色，腹白色，尾下覆羽具黑色横斑。虹膜暗褐色；嘴黑褐色，基部较淡为黄绿色；腿绿灰。

生活习性：夏季主要栖息于北极冻原和冻原森林地带的沼泽湿地，迁徙和越冬期间主要栖息于沿海海岸及其附近沼泽地带。常单独或成小群活动。喜欢在小水塘、沼泽边和潮间地带活动和觅食。

主要以昆虫和软体动物及甲壳类动物为食，觅食时常把嘴深深地插入泥中。

分布地区：2012年记录于广汉。

086 黑尾塍鹬 | *Limosa limosa* Black-tailed Godwit

鉴别特征： 中型涉禽，体长36～44厘米。嘴长而直微向上翘，尖端较钝。夏羽头栗色具暗色细条纹，腹白色，胸和两胁具黑褐色横斑；后颈栗色具黑褐色细条纹；背具粗著的黑色、红褐色和白色斑点；眉纹白色，贯眼纹黑色；白色的翼上横斑明显；尾白色具黑色端斑。冬羽和夏羽基本相似，但上体灰褐色，下体灰色，头、颈、胸淡褐色。虹膜暗褐色；嘴基繁殖期橙黄色，非繁殖期粉红肉色；脚黑灰色或蓝灰色。

生活习性： 栖息于平原草地和森林平原地带的沼泽、湿地、湖边和附近的草地与低湿地上，繁殖期和冬季则主要栖息于沿海海滨、泥地平原、河口沙洲以及附近的农田和沼泽地带，有时也到内陆淡水和盐水湖泊湿地活动和觅食。

主要以水生和陆生昆虫、甲壳类和软体动物为食。

分布地区： 见于成都、广汉、德阳、绵阳、南充、内江、宜宾、乐山、雅安、西昌等地。

087 斑尾塍鹬 *Limosa lapponica* Bar-tailed Godwit

鉴别特征：中型涉禽，体长37～41厘米。雄鸟夏季通体栗红色，头顶棕皮黄色具细的黑色条纹，后颈栗棕色具褐色纵纹；常具粗著黑斑和白色羽缘。冬季通体淡灰褐色，头、颈有黑色细纵纹，上体和两胁具黑褐色斑。雌鸟头、颈、背、肩和下体栗红色较少，多呈淡栗色或肉桂色。冬羽头顶和上体灰褐色具黑褐色中央纵纹。虹膜暗褐色；嘴基部粉红肉色或肉黄色，尖端黑色；脚暗灰色，有时缀有绿色和蓝色。

生活习性：夏季栖息于北极冻原和冻原森林地带，常在苔原湖泊、沼泽、溪流和湿草地上活动和觅食。有时也出现于疏林沼泽地带，非繁殖期则多栖息和活动于沿海沙滩、海滨、河口和临近沼泽地带。

分布地区：见于成都、广汉、德阳、绵阳、南充、内江、宜宾、乐山、西昌等地。

088 小杓鹬 | *Numenius minutus* Little Curlew

鉴别特征：小型涉禽，体长29～32厘米。为杓鹬中个体最小者，嘴峰长4～5厘米。头顶黑褐色，中央冠纹沙皮黄色，两侧冠纹黑色，眉纹白色，从眼前开始经眼下再弯至眼后到耳羽有一条黑褐色纹；上体黑褐色，具皮黄色或白色羽缘；胸和前颈皮黄色，具黑褐色条纹，腹白色，两胁具黑褐色横斑。虹膜黑褐色；嘴黑色；脚黄色或蓝灰色。

生活习性:栖息于亚高山森林及矮树丛地带，以及附近的湖边、河岸、沼泽及草地等环境。迁徙期间多在湖滨、河边沙滩、海岸沼泽以及附近的农田、耕地和草原上活动。

主要以软体动物、蠕虫和昆虫等动物性食物为食，也吃植物种子。

分布地区：过境鸟，罕见于南充、宜宾等地。

资料图片 文科/摄

089 中杓鹬 | *Numenius phaeopus* Whimbrel

鉴别特征：中型涉禽，体长40～46厘米。头顶暗褐色，眉纹白色，具黑色中央冠纹，嘴长而下弯，嘴峰长8～10厘米。头、颈淡褐色具黑色纵纹；上背、肩、背暗褐色，羽缘淡色具细窄的黑色中央纹；下体淡褐色，两胁具黑褐色横斑；飞翔时可见腰和尾上覆羽白色。虹膜黑褐色；嘴褐色；脚蓝灰色或青灰色。

生活习性：夏季栖息于北极和近北极苔原森林和泰加林地带，通常在离林线不远的沼泽、苔原、湖泊与河岸草地活动。繁殖期则多出现在沿海沙滩、海滨岩石、河口、沙洲、内陆草原、湿地、湖泊、沼泽、水塘、河流、农田等各类生境中。

主要以昆虫、蟹、螺、甲壳类和软体动物等小型无脊椎动物为食。

分布地区：罕见过境鸟，曾经记录于南充嘉陵江河漫滩。

资料图片

090 白腰杓鹬 | *Numenius arquata* Eurasian Curlew

鉴别特征：大型涉禽，体长57～63厘米。嘴特别细长而向下弯曲，嘴峰长13～17厘米。上体淡褐色具黑褐色纵纹，腰白色并呈楔形向下背延伸，尾白色具黑色横斑，飞翔时均极为显眼。颊、颈和胸淡黄褐色具细窄的黑褐色纵纹，其余下体包括腋羽和翅下覆羽白色，两胁具黑褐色纵纹。虹膜褐色；嘴黑色，下嘴基部肉红色；脚青灰色。

生活习性：栖息于森林和平原中的湖泊、河流岸边和附近的沼泽、草地以及农田地带，也出现于海滨、河口沙洲和沿海沼泽湿地，特别是冬季。常成小群活动。

主要以甲壳类、软体动物、蠕虫、昆虫为食。也啄食小鱼和蛙。常边走边将长而向下弯曲的嘴插入泥中探觅食物。

分布地区：罕见过境鸟，曾记录于金堂沱江。

资料图片

091 大杓鹬 | *Numenius madagascariensis* Eastern Curlew

鉴别特征：大型涉禽，体长54～65厘米。具有特别长而向下弯曲的嘴，嘴峰长14～19厘米。外形和白腰杓鹬非常相似。但体色较浓，多呈茶褐色，腰和尾羽红褐色，尾下覆羽和翼下覆羽以及腋羽淡褐色具黑褐色纵纹。虹膜暗褐色；嘴黑色，下嘴基部肉红色；脚青灰色。

生活习性：栖息于低山丘陵和平原地带的河流、湖泊、芦苇沼泽、水塘以及附近的湿草地和水稻田边，有时也出现于林中小溪边及附近开阔湿地。迁徙季节和冬季也常出现于沿海沼泽、海滨、河口沙洲和附近的湖边草地及农田地带。冬季则主要在海滨沙滩、泥地、河口沙洲活动，常单独或成松散的小群活动和觅食。

食物主要为甲壳类、软体动物、蠕虫、昆虫。有时也吃鱼类、爬行类和无尾两栖类等脊椎动物。

分布地区：罕见过境鸟，曾经记录于南充嘉陵江河漫滩。

资料图片

092 鹤鹬 | *Tringa erythropus* Spotted Redshank

陈川元/摄

鉴别特征： 小型涉禽，体长26～33厘米。夏季通体黑色，眼圈白色。背具白色羽缘，使上体呈黑白斑驳状，头、颈和下体纯黑色，两胁具白色鳞状斑。嘴细长、直而尖，脚亦长。冬季背灰褐色，腹白色，胸侧和两胁具黑褐色横斑。眉纹白色。腰和尾白色，尾具褐色横斑。虹膜黑褐色；嘴黑色，下嘴基部红色；脚红色。

生活习性： 繁殖期主要栖息于北极冻原和冻原森林带，常在冻原上的湖泊、水塘、河流岸边和附近沼泽地带活动。非繁殖期则多栖息和活动在淡水河、盐水湖泊、河流沿岸、河口沙洲、海滨和附近沼泽及农田地带，也出现于高原湖泊和低山丘陵地区的河流与湖泊沼泽地带。

以各种水生昆虫、软体动物、甲壳动物、鱼、虾等为食。

分布地区： 见于成都、金堂、广汉、德阳、绵阳、南充、内江、宜宾、乐山、雅安、西昌、红原、若尔盖、阿坝等地。

093 红脚鹬 | *Tringa totanus* Common Redshank

鉴别特征：小型涉禽，体长26～29厘米。夏季上体呈锈褐色具黑褐色羽干纹。下体白色。颊至胸具黑褐色纵纹，两胁具黑褐色横斑。嘴长直而尖，脚亦较长。飞翔时翅上具宽阔的白色翅带。冬羽和夏羽相似，但色较淡，上下体斑纹不明显。虹膜黑褐色；嘴基部橙红色，尖端黑褐色；脚亮橙红色。

生活习性：栖息于沼泽、草地、河流、湖泊、水塘、沿海海滨、河口沙洲等水域或水域附近湿地。

主要以螺、甲壳类、软体动物、环节动物、昆虫等各种小型陆栖和水生无脊椎动物为食。常在浅水处或水边沙地和泥地上觅食，多分散单独觅食。

分布地区：见于成都、金堂、广汉、德阳、绵阳、南充、内江、宜宾、乐山、雅安、西昌、汶川、红原、若尔盖、阿坝、甘孜、理塘、石渠等地。

094 泽鹬 | *Tringa stagnatilis* Marsh Sandpiper

鉴别特征：小型涉禽，体长19～26厘米。嘴细长，脚甚长。夏季上体灰褐色具黑色斑。腰白色并向下背呈楔形延伸。下体白色，颈、胸侧具细的黑色纵纹。冬季上体浅灰色具细窄的白色羽缘，下体白色，颈侧和胸具灰褐色纵纹。飞翔时腰和尾部的白色与黑色的翅成明显对比，细长的脚远远伸出于尾外。虹膜暗褐色；嘴黑色，基部绿灰色；脚灰绿色或黄绿色。

生活习性：栖息于湖泊、河流、芦苇沼泽、水塘、河口和沿海沼泽与邻近水塘和水田地带。

主要以水生昆虫、蠕虫、软体动物和甲壳类为食，也吃小鱼和鱼苗。常单独觅食，主要在水表面或地表面啄食，也常将嘴插入泥或沙中探觅和啄取食物。

分布地区：见于成都、广汉、德阳、绵阳、南充、宜宾、乐山、红原等地。

095 青脚鹬 | *Tringa nebularia* Common Greenshank

鉴别特征：中型涉禽，体长30～35厘米。嘴长而较钝，微向上翘。上体灰褐色具黑褐色羽干纹和白色羽缘。腰和尾白色，尾具黑褐色横斑。下体白色。头、颈、胸具黑色纵纹。冬季下体纯白色，仅胸侧具不甚明显的黑色纵纹。脚较长。虹膜黑褐色；嘴基部蓝灰色或绿灰色，尖端黑色；脚淡灰绿色、草绿色或青绿色，有时为黄绿色或暗黄色。

生活习性：主要栖息于湖泊、河流、水塘和沼泽地带，特别喜欢在有稀疏树木的湖泊和沼泽地带，也出入于无树高原的水域和附近湿地上。非繁殖期主要栖息于河口和海岸地带，也到内陆淡水或盐水湖泊和沼泽地带。

主要以虾、蟹、小鱼、螺、水生昆虫为食。

分布地区：见于成都、金堂、广汉、德阳、绵阳、南充、内江、宜宾、乐山、雅安、西昌、红原、若尔盖、阿坝等地。

096 白腰草鹬 | *Tringa ochropus* Green Sandpiper

鉴别特征：小型涉禽，体长20～24厘米。夏季上体黑褐色具白色斑点。腰和尾白色，尾具黑色横斑。下体白色，胸具黑色纵纹。白色眉纹仅限于眼先，与白色眼周相连，在暗色的头上极为醒目。冬季颜色较灰，胸部纵纹不明显，为淡褐色，腰和腹白色。虹膜暗褐色；嘴灰褐色或暗绿色，尖端黑色；脚橄榄绿色或灰绿色。

生活习性：繁殖季节主要栖息于山地或平原森林中的湖泊、河流、沼泽和水塘附近，海拔可达3000米左右。非繁殖期主要栖息于沿海、河口、内陆湖泊、河流、水塘、农田与沼泽地带，尤其喜欢肥沃多草的浅水田。

主要以蠕虫、虾、蜘蛛、小蚌、田螺、昆虫等小型无脊椎动物为食，偶尔也吃小鱼和稻谷。

分布地区：见于四川省各地、市、州。

097 林鹬 | *Tringa glareola* Wood Sandpiper

鉴别特征：小型涉禽，体长19～23厘米。脚较长。夏季头和后颈黑褐色具细的白色纵纹。背黑褐色具白色斑点。腰和尾白色，尾具黑褐色横斑。具白色眉纹和黑褐色贯眼纹，胸具黑褐色纵纹，腋羽和翼下覆羽白色。冬羽和夏羽基本相似，但胸部斑纹不明显。虹膜暗褐色；嘴基部橄榄绿色或黄绿色，尖端黑色；脚橄榄绿色、黄褐色、暗黄色和绿黑色。

生活习性：繁殖期主要栖息于林中或林缘开阔沼泽、湖泊、水塘与溪流岸边；也栖息和活动于有稀疏矮树或灌丛的平原水域和沼泽地带。非繁殖期主要栖息于各种淡水和盐水湖泊、水塘、水库、沼泽和水田地带。

主要以昆虫、蠕虫、虾、蜘蛛、软体动物和甲壳类等小型无脊椎动物为食。偶尔也吃少量植物种子。

分布地区：见于成都、金堂、广汉、德阳、绵阳、南充、遂宁、内江、宜宾、乐山、雅安、西昌、雅江、理塘、汶川、红原、若尔盖、阿坝等地。

098 灰尾漂鹬 | *Tringa brevipes* Grey-tailed Tattler

鉴别特征：小型涉禽，体长25～28厘米。夏季头顶、后颈、翅和尾等整个上体为灰色，微缀褐色。眉纹白色，前端几与白色的额基相连。眼先和一条窄的贯眼纹黑灰色。颏、颊、头侧、前颈和颈侧白色，具灰色纵纹。冬羽似夏羽，但下体无横斑。颈侧和胸缀有灰色，颏、喉、前颈、下腹、肛周和尾下覆羽白色。脚较短而粗。虹膜暗褐色；嘴黑色、下嘴基部黄色；脚黄色。

生活习性：灰尾漂鹬繁殖期主要栖息和活动于山地沙石河流沿岸，非繁殖期主要栖息于具岩石的海岸、海滨沙滩、泥地及河口。常单独或成松散的小群活动于水边浅水处。

分布地区：罕见过境鸟。2013年记录于天全县。

资料图片 老照/摄

099 翘嘴鹬 *Xenus cinereus* Terek Sandpiper

鉴别特征：小型涉禽，体长22～25厘米。嘴长而尖，明显地向上翘，脚略短。夏季上体灰褐色，肩部有显著的黑色纵带，下体白色，颈侧和胸侧具黑褐色纵纹。冬季肩部无黑色纵带，颈侧、胸侧斑纹不明显，飞翔时明显可见次级飞羽白色末端形成的宽阔翅斑。虹膜褐色；嘴橙黄色，尖端黑色；脚橙黄色。

生活习性：繁殖期主要栖息和活动于北极冻原和冻原森林地带的河流、湖泊和水塘岸边，非繁殖期则主要栖息于沿海海岸、岛屿、海滩礁石、河口沙滩和泥地上，有时亦出现于内陆湖泊、大的河流和邻近沼泽地上。常单独或成小群活动。

主要以甲壳类、软体动物、蠕虫、昆虫等小型无脊椎动物为食。常分散单独觅食，但休息时常聚集在一起。

分布地区：罕见过境鸟，见于乐山、红原等地。

资料图片 文科/摄

100 矶鹬 | *Actitis hypoleucos* Common Sandpiper

鉴别特征：小型鹬类，体长16～22厘米。嘴、脚均较短，具白色眉纹和黑色贯眼纹。上体黑褐色，下体白色，并沿胸侧向背部延伸，翅折叠时在翼前方形成显著的白斑，飞翔时明显可见尾两边的白色横斑和翼上宽阔的白色翼带，飞翔姿势两翅朝下扇动，身体呈弓状，站立时不住地点头、摆尾。虹膜褐色；嘴黑褐色，下嘴基部淡绿褐色；脚淡黄褐色。

生活习性：栖息于低山丘陵和山脚平原一带的江河沿岸，湖泊、水库、水塘岸边，也出现于海岸、河口和附近沼泽湿地。特别是迁徙季节和冬季。夏季也常沿林中溪流进到高山森林地带。

主要以鞘翅目、直翅目、夜蛾、蝼蛄、甲虫等昆虫为食，也吃螺、蠕虫等无脊椎动物和小鱼以及蝌蚪等小型脊椎动物。

分布地区：四川各地、市、州广泛分布于。

101 翻石鹬 *Arenaria interpres* Ruddy Turnstone

鉴别特征：小型涉禽，体长18～25厘米。嘴、颈、脚均较短。夏季背棕红色具黑、白色斑，头和下体白色，头顶具黑色纵纹，颊和颈侧具黑色花斑，前颈和胸黑色。冬季背呈暗褐色，其余似夏羽。飞翔时背面为黑、白、红三色相间的花斑状，腹面、腋羽、翼下覆羽和翼下全为白色，仅翼尖、尾端、胸和喉黑色，均极醒目。虹膜暗褐色；嘴黑色；脚橙红色。

生活习性：栖息于具岩石的海岸、海滨沙滩、泥地和潮间地带，也出现于海边沼泽及河口沙洲。迁徙期间偶尔出现于内陆湖泊、河流、沼泽以及附近之荒原和沙石地上。常单独或成小群活动，迁徙期间亦常集成大群。

主要啄食甲壳类、软体动物、蜘蛛、蚯蚓、昆虫，也吃部分禾本科植物种子和浆果。

分布地区：偶见金堂、广汉、南充、宜宾等地。

102 三趾滨鹬 | *Calidris alba* Sanderling

鉴别特征：小型涉禽，体长20～21厘米。嘴较粗短，脚后趾缺失，仅3趾。夏季头、颈和上体棕红色具黑色纵纹，肩具白色或灰白色羽缘。颊、喉白色，胸棕红色具细的黑色纵纹，其余下体白色。冬季上体浅灰色具暗色羽干纹和白色羽缘。翼角黑色。额、脸和下体白色。飞翔时翼上有显著的白色翅带。腰和尾上覆羽两侧亦为白色。虹膜暗褐色；嘴黑色；脚黑色。

生活习性：繁殖期主要栖息于北极冻原苔藓草地、海岸和湖泊沼泽地带。非繁殖期主要栖息于海岸、河口沙洲以及海边沼泽地带。常成群活动，有时亦与其他鹬混群。喜欢在海边沙滩上活动。

主要以甲壳类、软体动物、蚊类和其他昆虫幼虫、蜘蛛等小型无脊椎动物为食，有时也吃少量植物种子。

分布地区：迁徙季节偶见于若尔盖、金堂、南充、内江、宜宾、乐山等地。

陈川元/摄

103 红颈滨鹬 *Calidris ruficollis* Red-necked Stint

鉴别特征：小型涉禽，体长13～17厘米。嘴短而直，脚亦较短。夏季头顶及上体红褐色，头顶、后颈和颈侧具黑褐色细纵纹，背具黑褐色中央斑和白色羽缘，脸和上胸红褐色，下胸至尾下覆羽白色。冬羽红褐色消失。上体灰褐色，具黑褐色细轴纹，下体白色。虹膜暗褐色；嘴黑色；脚黑色。

生活习性：繁殖期主要栖息于冻原地带芦苇沼泽、海岸、湖滨和苔原地带。冬季主要栖息于海边、河口，以及附近盐水和淡水湖泊及沼泽地带，迁徙期间甚至会出现于内陆湖泊与河流地带。常成群活动，喜欢在水边浅水处和海边潮间地带活动和觅食。行动敏捷迅速。常边走边啄食。

主要以昆虫、蠕虫、甲壳类和软体动物为食。主要在地面啄食，有时也将嘴插入泥中探觅食物。

分布地区：迁徙季节偶见于广汉、南充、宜宾等地。

104 青脚滨鹬 | *Calidris temminckii* Temminck's Stint

鉴别特征：小型涉禽，体长12～17厘米。夏羽上体灰黄褐色，头顶至后颈有黑褐色纵纹。背和肩羽有黑褐色中心斑和栗红色羽缘及淡灰色尖端。眉纹白色，颊至胸黄褐色具黑褐色纵纹，其余下体白色，外侧尾羽纯白色。冬羽上体淡灰褐色具黑色羽轴纹。胸淡灰色，其余下体白色。飞翔时翼上有明显的白带，受惊时能垂直起飞升空。虹膜暗褐色；嘴黑色，下嘴基部常为褐色、绿灰色或暗黄色；脚绿色、灰绿色、黄色或褐黄色。

生活习性：栖息于沿海和内陆湖泊、河流、水塘、沼泽湿地和农田地带，特别喜欢在有水边植物和灌木等隐蔽物的开阔湖滨和沙洲，不喜欢裸露的岩石海岸，有时也出现在远离水域的草地和平原地区。

主要以昆虫、蠕虫、甲壳类和环节动物为食。

分布地区：见于成都、金堂、广汉、德阳、绵阳、南充、宜宾、乐山、西昌等地。

105 长趾滨鹬 *Calidris subminuta* Long-toed Stint

鉴别特征：小型涉禽，体长13～15厘米。嘴较细短，趾较长。具显著的白色眉纹。夏季上体棕褐色，前额、头顶至后颈棕色具黑褐色细纵纹，背具粗著的黑褐色斑和棕色及白色羽缘，尤以三级飞羽棕色羽缘较宽。下体白色，颈侧、胸侧淡棕褐色具黑色纵纹。飞翔时背上的“V”形白斑和尾两侧的白色以及白色翅带均甚明显。冬羽上体较浅淡，胸侧和两胁淡棕褐色消失。虹膜暗褐色；嘴黑色；脚黄绿色。

生活习性：主要栖息于沿海或内陆淡水与盐水湖泊、河流、水塘和沼泽地带，尤其喜欢有草本植物的水域岸边和沼泽地。夏季常到离水域较远的山地冻原地带，冬季有时也出现在农田和湿草地上。

主要以昆虫、软体动物等小型无脊椎动物为食，有时也吃小鱼和部分植物种子。

分布地区：见于成都、金堂、广汉、雅安、天全、南充、内江、宜宾、乐山等地。

陈川元/摄

106 白腰滨鹬 *Calidris fuscicollis* White-rumped Sandpiper

鉴别特征：小型涉禽，体长14～17厘米。嘴短而略下弯。头顶具棕色条纹。上体棕色具鳞状纹，下体白色，胸及两胁具箭头形粗纵纹。冬羽棕色消失，下体几全白或灰褐色，仅上胸沾灰。飞行时尾上覆羽全白色。虹膜褐色；嘴褐色，基部至下颚黄褐；脚灰色。

生活习性：主要栖息于沿海或内陆淡水与盐水湖泊、河流、水塘和沼泽地带。喜与其他小型鹬类混群活动。

分布地区：罕见过境鸟，仅单笔记录于若尔盖花湖。

资料图片

107 流苏鹬 | *Calidris pugnax* Ruff

鉴别特征：中小型涉禽，体长26～32厘米。雄鸟体大而肥胖，腹大、背驼、颈和脚较长，嘴短而微向下弯曲。飞翔时在尾上覆羽两边有显著的白色椭圆形斑和窄的白色翅带。繁殖期头部有耳状簇羽，前颈和胸部有流苏状饰羽，颜色为白、黑、棕变化不一。雌鸟上体通常为黑色，具淡色羽缘，胸和两胁具黑色斑点。冬羽雌雄相似，无饰羽。虹膜暗褐色；嘴多数黑褐色，有时在基部缀有褐色或红色；脚粉红色、橙红色或黄色。

生活习性：繁殖期栖息于冻原和平原草地上的湖泊与河流岸边，以及附近的沼泽和湿草地上。非繁殖期主要栖息于草地、稻田、耕地、河流、湖泊、河口、水塘、沼泽、海岸水塘岸边及附近沼泽与湿地上。

主要以甲虫、蟋蟀、蚯蚓、蠕虫等无脊椎动物为食。有时也吃少数植物种子。

分布地区：见于成都、南充、广汉、德阳、绵阳、宜宾等地。

108 弯嘴滨鹬 | *Calidris ferruginea* Curlew Sandpiper

鉴别特征：小型涉禽，体长19～23厘米。嘴较细长，明显地向下弯曲。夏羽头和下体栗色，上体黑色，具暗栗色和白色羽缘。飞翔时从上看白色腰和翼带极为醒目，从下看，翼下和尾下白色，其余下体红色，反差亦甚强烈。冬羽上体灰褐色，下体白色，颈侧和胸缀有黄褐色斑。眉纹白色，飞翔时白色翅带和腰亦甚明显。虹膜暗褐色；嘴黑色，有时基部缀有褐色或绿色；脚黑色或灰黑色。

生活习性：繁殖期主要栖息于西伯利亚北部海岸冻原地带，尤其喜欢在富有苔原植物和灌木的苔藓湿地。非繁殖期则主要栖息于海岸、湖泊、河流、海湾、河口和附近沼泽地带。

主要以甲壳类、软体动物、蠕虫和水生昆虫为食。常成松散的小群在浅水中或水边泥地和沙滩上活动和觅食。

分布地区：偶见于成都、广汉、德阳、绵阳、南充、宜宾、乐山、红原、若尔盖等地。

109 黑腹滨鹬 | *Calidris alpina* Dunlin

鉴别特征：小型涉禽，体长16～22厘米。嘴较长，尖端微向下弯曲。夏季背栗红色具黑色中央斑和白色羽缘。眉纹白色。下体白色，颊至胸有黑褐色细纵纹。腹中央黑色，呈大型黑斑。冬羽上体灰褐色，下体白色，胸侧缀灰褐色。飞翔时翅上有显著的白色翅带，腰和尾的两侧为白色。虹膜暗褐色；嘴黑色；脚黑色或灰黑色。

生活习性：栖息于冻原、高原和平原地区的湖泊、河流、水塘、河口等水域岸边和附近沼泽与草地上。常成群活动于水边沙滩、泥地或水边浅水处。性活跃、善奔跑，常沿水边跑跑停停，飞行快而直。有时也见单独活动。

主要以甲壳类、软体动物、蠕虫、昆虫等各种小型无脊椎动物为食。主要在水边草地、泥地，沙滩和水边浅水处边走边觅食。

分布地区：迁徙季节偶见于内江、宜宾、南充、广汉、若尔盖等地。

陈川元/摄

110 红颈瓣蹼鹬 | *Phalaropus lobatus* Red-necked Phalarope

鉴别特征：小型涉禽，体长18～21厘米。嘴细而尖，趾具瓣膜。夏季雌鸟上体灰黑色，眼上有一小块白斑。背、肩部有4条橙黄色纵带。前颈栗红色，并向两侧往上延伸到眼后，形成一栗红色环带。下体白色，颏、喉白色，胸侧和两胁灰色。雄鸟似雌鸟，但体型较小，上体较淡，颈部环带棕红色。冬羽上体灰色，具白色羽缘；额、颊、颈侧和下体白色，眼后有条状黑斑。飞翔时翅上有白色翅带，腰两侧白色。虹膜褐色；嘴黑色；脚蓝灰色或黑灰色。

生活习性：非繁殖期多栖息于近海的浅水处，亦出现在大的内陆湖泊、河流、水库、沼泽及河口地带，繁殖期栖息于北极苔原和森林苔原地带的内陆淡水湖泊和水塘岸边及沼泽地上。

主要以水生昆虫、甲壳类和软体动物等无脊椎动物为食。

分布地区：偶见于成都、宜宾、乐山等地。

陈川元/摄

111 灰瓣蹼鹬 | *Phalaropus fulicarius* Red Phalarope

鉴别特征：小型水鸟，体长20～24厘米。嘴短而粗。趾具黄色瓣膜。嘴基至头顶黑色，眼周和眼后有大块白斑。背黑褐色，羽缘淡色。肩部有棕栗色纵带，翅上有白色带斑；腰两侧白色。下体栗红色。雄鸟头顶缀有皮黄白色，下体两侧和腹微缀白色，头侧白斑较大。冬羽上体淡灰色，头和下体白色，自眼后有一黑带经过眼到眼前，头顶后部有一黑斑。虹膜褐色；繁殖期嘴基部黄色，尖端黑色，非繁殖期黑色；脚灰色或褐色，繁殖期黄褐色。

生活习性：繁殖期主要栖息于靠近北冰洋海岸的苔原沼泽地带，特别是湖泊、水塘和溪流附近的苔原沼泽。非繁殖期主要栖息于富有浮游生物的海洋上，迁徙期间也出现在内陆大的湖泊与河流等水体中。

主要以水生昆虫、甲壳类、软体动物和浮游生物为食。

分布地区：罕见过境鸟，曾记录于天全县。

资料图片 黑猫鱼/摄

13. 三趾鹑科 Turnicidae （2种）

112 黄脚三趾鹑 | *Turnix tanki* Yellow-legged Buttonquail

鉴别特征：小型鸟类，体长12～18厘米。外形似鹌鹑，但较小。上体黑褐色而具栗色或棕色斑纹，呈黑色和栗色相杂状。胸和两胁浅棕黄色，并具黑褐色圆形斑点。仅具3趾。虹膜淡黄白色或灰褐色；嘴黄色，嘴端黑色；脚黄色。

生活习性：栖息于低山丘陵和山脚平原地带的灌丛、草地，也出现于林缘灌丛、疏林、荒地和农田地带。常单独或成对活动，很少成群。性胆怯、怕人，善于藏匿，在灌丛下或草丛中潜行，一般难以见到。不善鸣叫，善奔走，在地面奔跑迅速，通常通过奔跑和藏匿来逃避敌害。

主要以植物嫩芽、浆果、草籽、谷粒、昆虫和其他小型无脊椎动物为食。

分布地区：见于成都、德阳、绵阳、南充、宜宾、乐山、平武、屏山等地。

113 棕三趾鹑 | *Turnix suscitator* Barred Buttonquail

鉴别特征：小型鸟类，体长14～18厘米。雄鸟头顶黑色，杂有白色斑点；头两侧白色而具黑色斑点。背暗灰褐色，具暗棕色横斑和黑色斑点。喉和颈侧乳白色，胸和两胁棕白色，具黑色和皮黄色横斑或斑点。雌鸟和雄鸟相似，但颏和喉为黑色，体型亦较大。虹膜砂白色或灰黄色；嘴蓝灰色或灰褐色；脚青灰色或灰绿色。

生活习性：栖息于低山丘陵和山脚平原地带。主要活动在林缘疏林、灌丛、草坡、稻田和耕地附近山坡草丛和灌丛中。常单独活动。性胆小而机警，通常藏匿在草丛和灌丛中活动，遇危险时多通过迅速奔跑逃离。

以植物果实、种子、谷粒、昆虫和小型无脊椎动物为食。

分布地区：见于成都、雅安、南充、西昌等地。

14.燕鸻科 Glareolidae （1种）

114 普通燕鸻 | *Glareola maldivarum* Oriental Pratincole

鉴别特征：小型鸟类，体长20～23厘米。嘴短，基部较宽，尖端较窄约向下弯曲。额、头顶、后颈背及腰橄榄灰褐色。头侧自眼先经眼下至喉部喉缘有一黑色细纹围绕呈半环状。翼尖长。尾黑色，呈叉状。夏羽上体茶褐色，腰白色。翼下覆羽棕红色，飞翔时极明显。冬羽和夏羽相似，但嘴基无红色，喉斑淡褐色，外缘黑线较浅淡，其内亦无白缘。虹膜暗褐色；嘴黑色，嘴基红色；脚黑褐色。

生活习性：栖息于开阔平原地区的湖泊、河流、水塘、农田、耕地和沼泽地带。也出现于离水域不远的潮湿沙地和草地上活动和觅食。繁殖期间常单独或成对活动，非繁殖期则常集群活动。

主要以金龟甲、蚱蜢、蝗虫、螳螂等昆虫为食，也吃蟹、甲壳类等其他小型无脊椎动物。主要在地面捕食。有时也在飞行中捕食。

分布地区：见于成都、金堂、德阳、绵阳、南充、内江、宜宾、乐山、洪雅、汶川、巴塘等地。

15.鸥科 Laridae （14种）

115 三趾鸥 | *Rissa tridactyla* Black-legged Kittiwake

鉴别特征： 中型水鸟，体长38～47厘米。尾微呈叉状。头、颈、尾和下体白色，背、肩和两翅珠灰色。最外侧初级飞羽外翈和尖端黑色，内侧飞羽珠灰色，尖端白色。飞翔时灰色的背和两翼与黑色的翼尖、白色的翼前后缘和体羽形成鲜明对照。虹膜暗褐色；嘴黄绿色；脚黑色。

生活习性： 繁殖期主要栖息于北极海洋岸边和岛屿上，非繁殖期主要栖息于海洋上，是典型的海洋鸟类。常成群活动。频繁地在海面上空飞翔，或游荡于海面上，成群栖息于海边岩石或悬岩上，有时亦伴随在海上航行的船只后面飞翔。

主要以小鱼为食，有时也吃甲壳类和软体动物。觅食主要在海面涡流中捕食。

分布地区： 见于金堂、德阳、广汉、绵阳、南充等地。

116 细嘴鸥 | *Chroicocephalus genei* Slender-billed Gull

鉴别特征： 中型水鸟，体长约45厘米。嘴红色，较纤细，嘴尖略沾灰色或不明显。头、颈、腰、尾和下体白色。胸、腹常缀有粉红色。背、肩及翅为淡灰色。飞行时初级飞羽白而羽端黑色。侧看颈部短粗，头前倾而下斜。飞行时颈及尾显长，弓背。虹膜黄色或橙红色；嘴深红色；脚红色。

生活习性： 主要栖息于海岸、岛屿、咸水湖泊和沿海沼泽地带，偶尔也到内陆平原荒漠地带的淡水湖泊。常成小群活动，有时亦集成大群。飞行敏捷而轻快。

主要以小鱼、甲壳类、小型水生无脊椎动物、昆虫等动物性食物为食。

分布地区： 见于乐山、绵阳、德阳等地。

117 棕头鸥 | *Chroicocephalus brunnicephalus* Brown-headed Gull

鉴别特征：中型水鸟，体长41～46厘米。夏羽头淡褐色，在靠颈部具黑色羽缘，形成黑色领圈。肩、背淡灰色，腰、尾和下体白色。外侧两枚初级飞羽黑色，末端具显著的白色翼镜斑。其余初级飞羽基部白色，具黑色端斑，飞翔时极明显。冬羽头、颈白色，眼后具一暗色斑，其余和夏羽相似。虹膜暗褐色或黄褐色；嘴深红色；脚深红色。

生活习性：繁殖期栖息于海拔2 000～3 500米的高原湖泊、水塘、河流和沼泽地带，非繁殖期主要栖息于海岸、港湾、河口及山脚平原湖泊、水库和大的河流中。常成群活动。

主要以鱼、虾、软体动物、甲壳类和水生昆虫为食。

分布地区：见于广汉、德阳、绵阳、南充、西昌、理塘、红原、若尔盖等地。

118 红嘴鸥 | *Chroicocephalus ridibundus* Black-headed Gull

鉴别特征： 中型水鸟，体长35～43厘米。夏羽头和颈上部咖啡褐色，背、肩灰色，外侧初级飞羽上面白色，具黑色尖端，下面黑色。其余体羽白色。眼周白色，飞翔时翼外缘白色。嘴细长。冬羽和夏羽相似，但头变为白色，眼后有一褐色斑。虹膜褐色；嘴暗红色；脚红色。

生活习性： 栖息于平原和低山丘陵地带的湖泊、河流、水库、河口、鱼塘、海滨和沿海沼泽地带等水域。常成小群活动，冬季在越冬的湖面上常集成近百只的大群。

主要以小鱼、虾、水生昆虫、甲壳类、软体动物等水生无脊椎动物为食，也吃蝇、鼠类、蜥蜴等小型陆栖动物和死鱼，以及其他小型动物尸体。

分布地区： 四川各地、市、州广泛分布。

119 小鸥 *Hydrocoloeus minutus* Little Gull

鉴别特征： 小型水禽，体长28～31厘米。嘴细窄。夏羽头黑色，下颈、腰、尾白色，肩、背和翅上覆羽及飞羽淡灰色，翅下暗灰黑色，飞羽末端白色，形成明显的白色翅后缘，飞翔时极明显。冬羽头白色，头顶至后枕暗色，眼后具一暗色斑。虹膜暗褐色；嘴暗红色；脚肉红色。

生活习性： 繁殖期主要栖息于森林和开阔平原上的湖泊、河流、水塘和附近的沼泽地带，非繁殖期主要栖息于海岸、河口和附近的湖泊与沼泽中，尤其喜欢有水生植物的水域。常成群活动。多数时候都在水面的上空飞翔。飞行轻快、敏捷，两翅扇动很轻。

主要以昆虫、甲壳类和软体动物等无脊椎动物为食。

分布地区： 罕见。记录于德阳旌湖、南充嘉陵江。

120 渔鸥 | *Ichthyaetus ichthyaetus* Pallas's Gull

鉴别特征：大型水鸟，体长63～70厘米。夏羽头黑色，眼周白色，前额平扁；初级飞羽白色，具显著的黑色亚端斑。背、肩珠灰色，其余上下体羽白色。嘴粗厚，亚端斑黑色。翅窄而尖长，站立时翅尖显著超过尾尖。冬羽头白色，但眼周还保留有黑色，嘴尖仅具黑斑而无红斑，头至后颈具暗色纵纹。虹膜暗褐色；嘴黄色，尖端红色；脚黄绿色。

生活习性：栖息于海岸、海岛、大的咸水湖。有时也到大的淡水湖和河流。常单独或成小群活动。

主要以鱼为食，也吃鸟卵、雏鸟、蜥蜴、昆虫、甲壳类，以及其他动物内脏等废弃物。

分布地区：见于成都、德阳、绵阳、南充、宜宾、石渠、红原、若尔盖等地。

121 黑尾鸥 | *Larus crassirostris* Black-tailed Gull

鉴别特征：中型水禽，体长43～51厘米。夏羽头、颈和下体白色，背深灰色。尾上覆羽和尾白色，具宽阔的黑色亚端斑。冬羽枕和后颈缀有灰褐色，飞翔时翅前后缘白色。虹膜淡黄色；嘴黄色，先端红色，次端斑黑色；脚绿黄色。

生活习性：主要栖息于沿海海岸沙滩、悬岩、草地以及邻近的湖泊、河流和沼泽地带。常成群活动，整天在海面上空飞翔或伴随船只觅食，也常群集于沿海渔场活动和觅食，有时也到河口、江河下游和附近水库与沼泽地带。

主要在海面上捕食上层鱼类，也吃虾、软体动物和水生昆虫以及废弃食物。

分布地区：见于成都、金堂、广汉、德阳、绵阳、南充、宜宾、石渠、红原、若尔盖等地。

122 普通海鸥 | *Larus canus* Mew Gull

鉴别特征：中型水禽，体长45～51厘米。头、颈和下体白色，背、肩和翅灰色。冬季头至后颈有淡褐色斑点。飞翔时翼前后缘白色。初级飞羽末端黑色，且具白色端斑。腰、尾上覆羽和尾羽白色。虹膜黄色；嘴黄色；脚黄色。

生活习性：繁殖期主要栖息于北极苔原、森林苔原、荒漠、草地等开阔地带的河流、湖泊、水塘和沼泽中，冬季主要栖息于海岸、河口和港湾，迁徙期间亦出现于大的内陆河流与湖泊中。成对或成小群活动或在空中飞翔，或游荡于水面。

主要以小鱼、甲壳类、软体动物、昆虫等水生无脊椎动物为食。

分布地区：见于成都、金堂、广汉、德阳、绵阳、雅安、南充、宜宾、乐山等地。

123 西伯利亚银鸥 *Larus smithsonianus* Siberian Gull

鉴别特征：大型水鸟，体长55～67厘米。冬羽头、颈白色，头及颈背面具褐灰色纵纹。背与次级飞羽灰色。下体白色，翅下覆羽和腋羽亦为白色。合拢的翼上可见多枚大小相等的突出白色翼尖。虹膜浅黄至偏褐；嘴黄色，上具红点；脚粉红。

生活习性：栖息于苔原、荒漠和草地上的河流、湖泊、沼泽以及海岸与海岛上，冬季主要栖息于海岸及河口地区，迁徙期间亦出现于大的内陆河流与湖泊。常成对或成小群活动在水面上，或不断地在水面上空飞翔。

主要以鱼和水生无脊椎动物为食，有时也伴随海上航行的船只，捡食废弃食品，也在陆地上啄食鼠类、蜥蜴、动物尸体等。

分布地区：见于成都、金堂、广汉、德阳、南充、宜宾等地。

124 红嘴巨燕鸥 | *Hydroprogne caspia* Caspian Tern

鉴别特征： 大中型水鸟，体长47～55厘米。夏羽前额、头顶、枕和冠羽黑色。后颈、尾上覆羽和尾白色，尾呈叉状。背、肩和翅上覆羽银灰色。眼先和眼及耳羽以下头侧白色；颏、喉和整个下体也为白色。冬羽和夏羽大致相似，但额和头顶白色，具黑色纵纹。

生活习性： 主要栖息于海岸沙滩、平坦泥地、岛屿和沿海沼泽地带。喜集群。繁殖期常成小群在一起营巢。频繁地在水面低空飞翔。飞行敏捷而有力，两翅扇动缓慢而轻。当发现水中食物时，常嘴朝下地在上空盘旋，然后突然冲下，扎入水中和潜入水下捕食。在水面游泳也很好。如有危险时，则成群在天空上盘旋飞翔，并发出高声鸣叫。

主要以小鱼为食。也吃甲壳类等其他水生无脊椎动物。觅食主要在水面上空盘旋、两翅频频扇动停息于空中，发现食物后突然落下，潜入水中捕食。

分布地区： 偶见于绵阳、南充、德阳等地。

125 白额燕鸥 | *Sternula albifrons* Little Tern

鉴别特征：小型水禽，体长23～28厘米。夏羽额白色，头顶至后颈黑色，贯眼纹黑色，与头顶黑色连为一体。上体淡灰色，外侧初级飞羽主要为黑色，具白色羽轴。尾上覆羽和尾羽为白色，尾呈深叉状。下体白色。冬羽和夏羽基本相似，头顶前部亦为白色而杂有黑色，仅后顶和枕全为黑色。虹膜暗褐色；嘴夏季黄色，尖端黑色，冬季黑色；脚夏季橙黄色，冬季黄褐色或暗红色。

生活习性：栖息于内陆湖泊、河流、水库、水塘、沼泽，以及沿海海岸、岛屿、河口和沿海沼泽与水塘等咸、淡水水体中。常成群活动，频繁地在水面低空飞翔，搜觅水中食物。飞翔时嘴垂直朝下，头不断地左右摆动。

主要以小鱼、甲壳类、软体动物和昆虫为食。

分布地区：偶见于南充、成都、德阳、绵阳、乐山、泸县等地。

126 普通燕鸥 | *Sterna hirundo* Common Tern

鉴别特征：中型水鸟，体长31～38厘米。翅较长，窄而尖，外侧尾羽极度延长，尾呈深叉状。夏羽额、头顶至枕黑色，背蓝灰色，下体白色，胸以下灰色。外侧尾羽外翈黑色，初级飞羽外翈亦为黑色，飞翔时极明显。站立时尾尖达到翅尖，但不超过，长度几度相等。冬羽前额、颊、颈侧和下体白色。头顶前部白色，有黑色斑点。头顶后部和枕黑色，背鼠灰色，其余似夏羽。虹膜暗褐色；嘴红色，先端黑色；脚红色。

生活习性：栖息于平原、草地、荒漠中的湖泊、河流、水塘和沼泽地带，也出现于河口、海岸和沿海、沼泽与水塘。常呈小群活动，频繁地飞翔于水域和沼泽上空。

主要以小鱼、虾、甲壳类、昆虫等小型动物为食。

分布地区：见于成都、金堂、广汉、德阳、绵阳、南充、内江、宜宾、乐山、康定、甘孜、石渠、理塘、巴塘、红原、若尔盖等地。

127 灰翅浮鸥 | *Chlidonias hybrida* Whiskered Tern

鉴别特征：小型水禽，体长23～28厘米。夏羽额至头顶黑色，头的两边、颊、颈侧和喉白色，明显地衬托着头顶的黑色，前颈和胸暗灰色，到腹和两胁则变为黑色。尾下覆羽白色，背至尾灰色。尾呈深叉状。飞翔时黑色的头顶、白色的喉，淡色的翼下和暗色下体极为醒目。冬羽前额白色，头顶白色而具黑色纵纹，耳羽和贯眼纹黑色，上体淡灰色，下体白色。虹膜红褐色；嘴红色；脚红色。

生活习性：栖息于开阔平原湖泊、水库、河口、海岸和附近沼泽地带，有时也出现于大湖泊与河流附近的小水渠、水塘和农田地上空。

主要以小鱼、虾、水生昆虫等水生脊椎和无脊椎动物为食。觅食主要在水面和沼泽地上。有时也吃部分水生植物。

分布地区：见于成都、金堂、广汉、德阳、绵阳、洪雅、南充、宜宾等地。

陈川元/摄

128 白翅浮鸥 *Chlidonias leucopterus* White-winged Tern

鉴别特征： 小型水鸟，体长20～26厘米。夏羽头、颈、翕和下体黑色。翼灰色，翼上小覆羽白色，腰、尾亦为白色，飞翔时除尾和翼有部分白色外，通体黑色。冬羽头、颈和下体白色，头顶和枕有黑斑并与眼后黑斑相连，且延伸至眼下。背和两翅灰褐色，翅尖暗色。虹膜暗褐色；嘴夏季红色，冬季黑色；脚红色。

生活习性： 主要栖息于内陆河流、湖泊、沼泽、河口和附近沼泽与水塘中。有时也出现在沿海沼泽地带。常成群活动。多在水面低空飞行，觅食时往往能通过频频鼓动两翼，使身体悬浮于空中观察，发现食物，即刻冲下捕食。

主要以小鱼、虾、昆虫等水生动物为食，有时也在地上捕食蝗虫和其他昆虫。

分布地区： 见于成都、广汉、德阳、绵阳、南充、宜宾、石渠、红原、若尔盖等地。

16.贼鸥科 Stercorariidae （2种）

129 中贼鸥 | *Stercorarius pomarinus* Pomarine Skua

鉴别特征：大型海鸟，体长47～56厘米。嘴较短。有两种色型：暗色型通体灰褐色；淡色型头顶黑色，上体褐灰色，下体白色。中央一对尾羽较长，显著突出于其他尾羽，末端像飞机尾翼，垂直向上。虹膜暗褐色；嘴黑色；脚黑色。

生活习性：繁殖期主要栖息于靠近海岸的苔原河流与湖泊地带，非繁殖期主要栖息于开阔的海洋和近海岸洋面上。迁徙期间有时亦出现于大的内陆河流与湖泊。单独或成小群活动。善飞行，喜游泳。

中贼鸥主要通过夺取其他海鸟的食物为食，也自己在水面和在陆地上捕食鱼、鸟卵、雏鸟和鼠类。

分布地区：罕见过境鸟或迷鸟，记录于若尔盖。

资料图片

130 短尾贼鸥 | *Stercorarius parasiticus* Parasitic Jaeger

鉴别特征：有两种色型：暗色型通体灰褐色至黑褐色；淡色型头顶黑色，上体通常褐灰色，下体白色。翅长而尖。中央一对尾羽较长，末端较尖，明显突出于外侧尾羽。虹膜暗褐色；嘴黑色；脚黑色。

生活习性：繁殖期主要栖息于北极苔原地带，非繁殖期主要栖息于开阔的沿海海面上。常单独或成对活动，偶尔也集成近百只的大群。通常不到海岸地区，喜欢停息在漂浮于海面的植物或其他物体上。善飞行，飞行能力强而轻快。

主要以鱼为食，也吃甲壳类和软体动物。

分布地区：罕见过境鸟或迷鸟，仅记录于广汉。

绘制图片/林峤

Ⅶ.潜鸟目 GAVIIFORMES

17.潜鸟科 Gaviidae （1种）

131 黄嘴潜鸟 | *Gavia adamsii* Yellow-billed Diver

鉴别特征：大型水禽，体长75～100厘米。嘴粗厚而向上翘、黄白色，颈较粗，前额明显地隆起。夏羽头和颈黑色，具蓝色金属光泽。下喉有小的白色斑点组成的白色横带；前颈至颈侧部有一条宽的白色横带，在前颈中部断开，极为醒目。上体黑色，具显著的方块形白斑。冬羽上体黑褐色；前颈白色，与后颈黑褐色分界不明显。眼周白色。虹膜红褐色；嘴黄白色；脚褐色。

生活习性：主要栖息在北极苔原沿海附近的湖泊与河口地区、沿海和近海岛屿附近海面。偏爱深且清澈、石质或砂质底表、水面波动小的湖泊。常成对或成小群活动。

主要以鱼类为食，也吃水生昆虫、甲壳类、软体动物和其他无脊椎动物。主要通过潜水方式进行觅食。

分布地区：罕见迷鸟，记录于广汉鸭子河、南充嘉陵江。

绘制图片

Ⅷ.鹳形目 CICONIIFORMES

18.鹳科 Ciconiidae （5种）

132 彩鹳 | *Mycteria leucocephala* Painted Stork

鉴别特征：大型水禽，体长93～102厘米。通体白色，胸具宽阔的黑色横带。头的前半部裸出无羽，裸露皮肤橙红色。嘴长而粗，先端向下弯曲。两翼黑白色，腰及臀白色。虹膜褐色；嘴橘黄；脚粉红。

生活习性：主要栖息于湖泊、河流、水塘、沼泽等淡水水域。

分布地区：罕见鸟类，历史记录于川东地区。

资料图片 柳浪/摄

133 钳嘴鹳 | *Anastomus oscitans* Asian Open-bill Stork

鉴别特征：大型涉禽，体长80～90厘米。体羽白色至灰色，冬羽烟灰色。飞羽和尾羽黑色。嘴粗大，下喙有凹陷，闭合时有明显缺口。脸部裸露皮肤，灰黑色。虹膜褐色；嘴黑色；脚粉红色。

生活习性：栖息于热带、亚热带湿地。栖息地包括水田、浅海滩、河口湿地、淡水和咸水湖泊。在沼泽地和沿海滩涂觅食。

以软体动物、甲壳类动物、鱼类、蛙和蜥蜴等动物为食。

分布地区：见于西昌及其周边地区。

134 黑鹳 | *Ciconia nigra* Black Stork

鉴别特征：大型涉禽，体长100～120厘米，体重2～3千克，在地上站立时身高近1米。头、颈、脚均甚长，上体黑色，下体白色。嘴长而直，基部较粗。背、肩和翅具紫色和青铜色光泽，胸亦有紫色和绿色光泽。虹膜褐色或灰色；嘴红色；脚红色。

生活习性：繁殖期间栖息在偏僻而无干扰的开阔森林及森林河谷与森林沼泽地带，也常出现在荒原和荒山附近的湖泊、水库、水渠、溪流、水塘及其沼泽地带，冬季主要栖息于开阔的湖泊、河流和沼泽地带，有时也出现在农田和草地。

主要以小型鱼类、蛙类为食，也吃昆虫、甲壳类、小型爬行类等其他动物性食物。

分布地区：见于成都、金堂、广汉、德阳、绵阳、南充、雅安、西昌、汶川、松潘、红原、若尔盖、理塘、石渠等地。布拖县乐安黑鹳自然保护区有少量黑鹳越冬种群。

135 东方白鹳 | *Ciconia boyciana* Oriental Stork

鉴别特征：大型涉禽，体长110～128厘米。嘴粗而长；脚甚长，胫下部裸露。站立时体羽白色，尾部黑色。飞行时头、颈向前伸直，脚伸向后。飞羽黑色。虹膜粉红色；嘴黑色；脚红色。

生活习性：繁殖期主要栖息于开阔而偏僻的平原、草地和沼泽地带，特别是有稀疏树木生长的河流、湖泊、水塘、水渠岸边和沼泽地上，有时也栖息和活动在远离居民点、具有岸边树木的水稻田地带，冬季主要栖息在开阔的大型湖泊和沼泽地带。

主要以鱼为食，也吃蛙、小型啮齿类、蛇、蜥蜴、软体动物、蜗牛、节肢动物、甲壳类、环节动物、昆虫、雏鸟等其他动物性食物。

分布地区：偶见于若尔盖、阿坝等地。

资料图片

136 秃鹳 | *Leptoptilos javanicus* Lesser Adjutant Stork

鉴别特征：大型涉禽，体长110～130厘米。嘴长而粗壮。头顶、脸颊、

颈裸露，布少量发状羽。颈裸露部分黄色。上体黑色具绿色光泽，下体白色。虹膜蓝灰色；嘴暗黄色；脚深褐色。

生活习性：栖息于各类型湿地、河漫滩、宽阔的草地和多沼泽的森林地区。主要以鱼类、蛙类、爬行类以及昆虫为食。

分布地区：20世纪70年代在成都地区有过救护记录。

资料图片

Ⅸ.鲣鸟目 SULIFORMES

19.鸬鹚科 Phalacrocoracidae （1种）

137 普通鸬鹚 | *Phalacrocorax carbo* Great Cormorant

鉴别特征：大型水鸟，体长72～87厘米。通体黑色，头颈具紫绿色光泽，两肩和翅具青铜色光彩，嘴角和喉囊黄绿色，眼后下方白色，繁殖期间脸部有红色斑，头颈有白色丝状羽，下胁具白斑。虹膜翠绿色；上嘴黑色，嘴缘和下嘴灰白色；脚黑色。

生活习性：栖息于河流、湖泊、池塘、水库、河口及其沼泽地带。常成小群活动。善游泳和潜水，游泳时颈向上伸得很直、头微向上倾斜，潜水时首先半跃出水面、再翻身潜入水下。

以各种鱼类为食。主要通过潜水捕食。潜水一般不超过4米，但能在水下追捕鱼类达40秒，捕到鱼后上到水面吞食。有时亦长时间地站立在水边岩石上或树上静静地窥视，发现猎物后再潜到水中追捕。

分布地区：四川省各地、市、州广泛分布。

X.鹈形目 PELECANIFORMES

20.鹮科 Threskiornithidae （4种）

138 黑头白鹮 | *Threskiornis melanocephalus* Black-headed Ibis

鉴别特征：中型涉禽，体长65～75厘米。体羽全白。头与颈部裸出，裸出部皮肤黑色。翼覆羽有一条棕红色带斑。腰与尾上覆羽具淡灰色丝状饰羽。虹膜暗红色；嘴长而下弯，黑色；脚黑色。

生活习性：栖息于沼泽湿地、苇塘、河口、湖泊或海边等浅水水域。常与白鹭类混群，为群聚性，成群活动。以鱼类、蛙、软体动物、甲壳类、昆虫和两栖类等动物为食。

分布地区：罕见鸟类，历史记录于南充嘉陵江。

资料图片 草木谷子/摄

139 彩鹮 | *Plegadis falcinellus* Glossy Ibis

鉴别特征：中型涉禽，体长50～66厘米。除面部裸出外皆被羽，体羽大部为青铜栗色。嘴长而下弯。体羽大都红褐色，头顶、头侧、颏、前喉等均具紫绿色光泽。飞羽和尾羽黑色，基部具绿色光泽，其余部分具紫色光泽。腋羽和尾下覆羽深紫色，下体余部羽毛栗色。虹膜灰或褐色；嘴黑色；脚铅褐色。

生活习性：主要栖息在温暖的河湖及沼泽附近，有时也会到稻田中活动活动，它们性喜群居。

主要以水生昆虫、虾、甲壳类、软体动物等小型无脊椎动物为食。

分布地区：罕见鸟类，仅记录于西昌、洪雅、泸州等地。

140 白琵鹭 | *Platalea leucorodia* Eurasian Spoonbill

鉴别特征：中型涉禽，体长74～95厘米。嘴长直而上下扁平，前端扩大呈匙状。脚亦较长。全身羽毛白色，枕部具橙黄色发丝状冠羽，前颈下部具橙黄色环带。非繁殖期头后无橙黄色冠羽，前颈无橙黄色颈环。虹膜暗黄色；嘴黑色，前端黄色；脚黑色。

生活习性：栖息于开阔平原和山地丘陵地区的河流、湖泊、水库岸边及其浅水处；也栖息于水淹平原、芦苇沼泽湿地、沿海沼泽、海岸红树林、河谷冲积地和河口三角洲等各类生境，常成群活动。

主要以虾、蟹、水生昆虫、蠕虫、甲壳类、软体动物、蛙、蝌蚪、蜥蜴、小鱼等动物为食，偶尔也吃少量植物性食物。

分布地区：迁徙季节见于南充、绵阳、广汉、西昌、金堂等地。

141 黑脸琵鹭 | *Platalea minor* Black-faced Spoonbill

鉴别特征：中型涉禽，体长60～78厘米。嘴长而直，上下扁平，先端扩大呈匙状。脚较长，胫下部裸出。额、喉、脸、眼周和眼先全为黑色。其余全身白色，繁殖期间头后枕部有长而呈发丝状的金黄色冠羽，前颈下部有黄色颈圈。虹膜深褐色或血红色；嘴黑色；腿黑色。

生活习性：栖息于内陆湖泊、水塘、河口、芦苇沼泽、水稻田以及沿海岛屿和海边芦苇沼泽地带。常单独或成小群在海边潮间地带及红树林和内陆水域岸边浅水处活动。性沉着机警，人难以接近。

主要以鱼、虾、蟹、昆虫以及软体动物和甲壳类动物为食。单独或成小群觅食。觅食活动主要在白天，多在水边浅水处觅食。

分布地区：罕见迷鸟，历史记录于南充。

资料图片

21.鹭科 Ardeidae （15种）

142 大麻鳽 | *Botaurus stellaris* Eurasian Bittern

鉴别特征：大型鹭类，体长59～77厘米。身体较粗胖，嘴粗而尖。颈、脚较粗短。头黑褐色，额、枕黑色，眉纹淡黄白色。背黄褐色，具显著的黑褐色斑点。下体淡黄褐色，具黑褐色纵纹。虹膜黄色；嘴黄绿色；脚黄绿色。

生活习性：栖息于山地丘陵和山脚平原地带的河流、湖泊、池塘边的芦苇丛、草丛和灌丛中，以及水域附近的沼泽和湿草地上。除繁殖期外常单独活动。多在黄昏和晚上活动，白天多隐蔽在水边芦苇丛和草丛中。

主要以鱼、虾、蛙、蟹、螺、水生昆虫等动物性食物为食。

分布地区：见于成都、金堂、德阳、绵阳、南充、内江、宜宾、乐山、西昌等地。

资料图片 老照/摄

143 黄斑苇鳽 | *Ixobrychus sinensis* Yellow Bittern

鉴别特征：小型鹭类，体长29～38厘米。颈较长，脚较短，胫下部和眼先裸出。雄鸟头顶铅黑色，后颈和背黄褐色，腹和翅覆羽土黄色，飞羽和尾羽黑色，飞翔时黑色的翅和尾与黄褐色的上体及相邻的土黄色的翅基形成鲜明对比，甚为醒目。雌鸟和雄鸟基本相似，仅头顶不为黑色而为栗褐色，背和胸有褐色和暗褐色纵纹。虹膜黄色；嘴绿褐色；脚黄绿色。

生活习性：栖息于平原和低山丘陵地带富有水边植物的开阔水域中。尤其喜欢栖息在既有开阔明水面又有大片芦苇和蒲草等挺水植物的中小型湖泊、水库、水塘和沼泽中。

主要以小鱼、虾、蛙、水生昆虫等动物性食物为食。

分布地区：见于成都、金堂、德阳、绵阳、南充、内江、宜宾、乐山、西昌等地。

144 紫背苇鳽 | *Ixobrychus eurhythmus* Von Schrenck's Bittern

鉴别特征：小型鹭类，体长29～39厘米。体型小而细长，脚、颈较短，翅较宽圆，眼先和胫下部裸出。雄鸟头顶暗栗褐色，其余上体紫栗色，腹部淡土黄色，从头至胸有一栗褐色纵线。飞羽黑色、翅覆羽灰黄色，飞翔时与黑色飞羽、紫栗色的上体形成鲜明对比，甚为醒目。雌鸟从头顶至背紫栗色，但背部有细小的白色斑点，特征亦甚明显。虹膜黄色；嘴黄色；脚绿色。

生活习性：栖息于开阔平原草地上富有岸边植物的河流、干湿草地、水塘和沼泽地上，也见于山区农村的水稻田、水渠及其他水体。常单只活动，偶尔也见成对和成小群。

主要以小鱼、虾、蛙、昆虫等动物性食物为食。通常黄昏和清晨在湖泊、河流和水塘边的芦苇丛及沼泽草地上觅食。

分布地区：见于宜宾、峨眉、西昌等地。

资料图片 文科/摄

145 栗苇鳽 *Ixobrychus cinnamomeus* Cinnamon Bittern

栗苇鳽幼鸟

鉴别特征：小型鹭类，体长30～38厘米。外形和紫背苇鳽相似。雄鸟上体从头顶至尾包括两翅飞羽和覆羽全为同一的栗红色，下体淡红褐色，喉至胸有一褐色纵线，胸侧缀有黑白两色斑点。雌鸟头顶暗栗红色，背面暗红褐色，杂有白色斑点，腹面土黄色，从颈至胸有数条黑褐色纵纹。虹膜黄色或橙黄色；嘴黄褐色；脚黄绿色。

生活习性：栖息于芦苇沼泽、水塘、溪流和水稻田中。多在隐蔽的阴暗地方于晨昏和夜间活动。性胆小而机警，很少飞行。

主要以小鱼、黄鳝、蛙、螃蟹、水蜘蛛以及蝼蛄、龙虱幼虫和叶甲等昆虫为食，有时也吃少量植物性食物。

分布地区：见于成都、金堂、德阳、绵阳、南充、内江、宜宾、乐山、西昌、米易等地。

146 黑苇鳽 | *Ixobrychus flavicollis* Black Bittern

鉴别特征：中型鹭类，体长49～59厘米。颈、脚较长，全身上体从头到尾为蓝黑色，喉、胸、前颈和颈侧为橙黄色，有黑褐色纵纹。胸以下黑色，飞翔时上面一片黑，下面前半橙黄色，后半黑色，站立时上体黑色，下体前颈、颈侧和胸橙黄色。虹膜红色或橙黄色；嘴黑褐色，嘴基和脸部裸露皮肤绿色；脚黑褐色。

生活习性：栖息于溪边、湖泊、水塘、芦苇、沼泽、水稻田、红树林和竹林中。常单个或成对在开阔的多植物的水域地方活动。

以小鱼、泥鳅、虾和水生昆虫为食。常单独在黄昏和夜间沿溪边、水田、湖岸和芦苇沼泽地觅食，有时白天亦在芦苇丛或水边低矮灌丛和小树林内觅食。

分布地区：数量稀少，罕见于盆周地区。

资料图片 梁槐/摄

147 海南鳽 | *Gorsachius magnificus* White-eared Night Heron

鉴别特征：中型涉禽，体长为54～56厘米，雌鸟较雄鸟小。嘴较为粗短，嘴的基部和眼先为绿色。前额、头顶、头侧、枕部和长长的冠羽均为黑色，眼后有一条白色条纹向后延伸至耳羽上方的羽冠处，耳羽为黑色，眼下有一个白斑。上体的羽毛为暗褐色，飞羽灰色，并具有绿色的金属光泽，翅膀上的覆羽为暗褐色，具有少许白色的斑点。下体为白色，胸部及体侧杂有灰栗色的斑纹。腋部的羽毛为葡萄褐色，还具有白色的中央纹。虹膜为黄色；嘴黑色；脚为绿黑色。

生活习性：主要栖息于亚热带高山密林中的山沟河谷和其他有水域的地方。夜行性，白天多隐藏在密林中，早晚活动和觅食。食性以小鱼、蛙和昆虫等动物性食物为主。

分布地区：罕见迷鸟，仅记录于威远和广元。

资料图片

148 夜鹭 | *Nycticorax nycticorax* Black-crowned Night Heron

鉴别特征：中型涉禽，体长46～60厘米。体较粗胖，颈较短。嘴尖细，微向下曲。胫裸出部分较少，头顶至背黑绿色而具金属光泽。上体余部灰色，下体白色。枕部披有2～3枚长带状白色饰羽，下垂至背上，极为醒目。虹膜血红色；嘴黑色；脚黄色。

生活习性：栖息和活动于平原和低山丘陵地区的溪流、水塘、江河、沼泽和水田中。夜行性。喜结群，常成小群于晨昏和夜间活动。

主要以鱼类、蛙、虾、水生昆虫等动物性食物为食。通常于黄昏以后从栖息地分散成小群出来，三三两两地于水边浅水处涉水觅食，也常单独伫立在水中树桩或树枝上等候猎物，眼睛紧紧地凝视着水中。清晨太阳出来以前，则陆续回到树上隐蔽处休息。

分布地区：见于四川盆地及其盆周山地地区。

149 绿鹭 *Butorides striata* Striated Heron

鉴别特征：中型涉禽，体长38～48厘米。嘴长尖，颈短，体较粗胖，尾短而圆。头顶和长的冠羽黑色而具绿色金属光泽，颈和上体绿色，背、肩部披长而窄的青铜色矛状羽。颏、喉白色，胸和两胁灰色。虹膜黄色；嘴橄榄绿或黑色，下嘴基部和边缘黄绿色；脚黄绿色。

生活习性：栖息于有树木和灌丛的河流岸边，特别是溪流纵横、水塘密布而又富有柳树生长的河流水淹地带。性孤独，常常独栖于有浓密树荫的枝杈或树桩上或树荫下的石头上。通常在黄昏和晚上活动，有时亦见在水面上空飞翔。

主要以鱼类为食，也吃蛙、蟹、虾、水生昆虫和软体动物。觅食主要在清晨和黄昏，有时白天也觅食。

分布地区：见于成都、雅安、宝兴、绵阳、南充、西昌、会东等地。

150 池鹭 | *Ardeola bacchus* Chinese Pond Heron

鉴别特征：中小型涉禽，体长37～54厘米。嘴粗直而尖。夏羽头、后颈、颈侧和胸红栗色，头顶有长的栗红色冠羽，羽长达背部，肩背部有长的蓝黑色蓑羽向后伸到尾羽末端；两翅、尾、颏、喉、前颈和腹白色，飞翔时两翅和尾的白色与体背黑色成鲜明对比。冬羽头、颈到胸白色，具暗黄褐色纵纹，背暗褐色，翅白色。虹膜黄色；嘴黄色，尖端黑色，基部蓝色；脚暗黄色。

生活习性：常栖息于稻田、池塘、湖泊、水库和沼泽湿地等水域，有时也见于水域附近的竹林和树上。

主要以小鱼、蟹、虾、蛙、小蛇和蚱蜢、蝗虫、螽斯、蟋蟀、蝼蛄、蜻蜓、鳞翅目幼虫等昆虫为食，偶尔也吃少量植物性食物。

分布地区：四川各地、市、州广泛分布。

151 牛背鹭 | *Bubulcus ibis* Cattle Egret

鉴别特征： 中型涉禽，体长46～55厘米。夏羽头、颈和背中央长的饰羽橙黄色，其余白色；冬羽全身白色，无饰羽。飞行时头缩到背上，颈向下突出，像一个大的喉囊，身体呈驼背状；站立时亦像驼背，嘴和颈亦较短粗。虹膜金黄色；嘴黄色；脚暗黄至近黑。

生活习性： 栖息于平原草地、牧场、湖泊、水库、山脚平原和低山水田、池塘、旱田和沼泽地上。常成对或3～5只小群活动，有时也单独活动或集成数十只的大群，休息时喜欢站在树梢上，颈缩成"S"形，常伴随牛群活动。

主要以蝗虫、蚂蚱、蜚蠊、蟋蟀、蝼蛄、螽斯、牛蝇、金龟子等昆虫为食，也食蜘蛛、黄鳝、蚂蟥和蛙等其他动物食物。

分布地区： 四川各地、市、州广泛分布。

152 苍鹭 | *Ardea cinerea* Grey Heron

鉴别特征：大型水鸟，体长75～110厘米，体重0.9～2.3千克。头、颈、脚和嘴均甚长，因而身体显得细瘦。上体灰色，下体白色，头和颈亦为白色。头顶有两条长若辫子状的黑色冠羽，前颈有2～3列纵行黑斑，体侧有大型黑色块斑。飞行时两翅鼓动极为缓慢，颈向后缩成“Z”形，脚远远伸于尾后，常常分散地缩脖站立水边不动，叫声粗而高。虹膜黄色；嘴黄色；脚黑色。

生活习性：栖息于江河、溪流、湖泊、水塘、海岸等水域岸边及其浅水处，也见于沼泽、稻田、山地、森林和平原荒漠上的水边浅水处和沼泽地上。成对和成小群活动，迁徙期间和冬季集成大群，有时亦与白鹭混群。

主要以小型鱼类、泥鳅、虾、蝲蛄、蜻蜓幼虫、蜥蜴、蛙和昆虫等水生动物为主食。

分布地区：四川各地、市、州广泛分布。

153 草鹭 | *Ardea purpurea* Purple Heron

鉴别特征：大型涉禽，体长83～97厘米。嘴长而尖，黄褐色。体羽为灰、栗及黑色。顶冠黑色并具两道饰羽，颈棕色且颈侧具黑色纵纹。背及覆羽灰色，飞羽黑，其余体羽红褐色。脚细长，胫下部裸出，黄褐色。虹膜黄色；嘴褐色；脚红褐色。

生活习性：栖息于开阔平原和低山丘陵地带的湖泊、河流、沼泽、水库和水塘岸边及其浅水处，尤喜生长有大片芦苇和水生植物的水域。

主要以小鱼、蛙、甲壳类、蜥蜴、蝗虫等动物性食物为食。觅食活动在白天，尤以早晨和黄昏觅食活动最为频繁。

分布地区：偶见于南充、金堂等地。

154 大白鹭 | *Ardea alba* Great Egret

鉴别特征：大型涉禽，体长82～100厘米，体重1千克左右。嘴、颈、脚均甚长，身体较纤细。全身白色，繁殖期前背和前颈下部均着生有长的蓑羽。眼先蓝绿色。下腿略呈淡粉红色，跗跖和趾黑色。冬羽眼先黄色，背和前颈无蓑羽。虹膜黄色；嘴繁殖期为黑色，非繁殖期为黄色；脚黑色。

生活习性：栖息于开阔平原和山地丘陵地区的河流、湖泊、水田、海滨、河口及其沼泽地带。常成单只或10余只的小群活动，在繁殖期间亦见有多达上百只的大群，偶尔亦见和其他鹭混群。

以鱼类、蛙、蝌蚪、甲壳类和昆虫等动物性食物为食。主要在水边浅水处涉水觅食，也常在水域附近草地上慢慢行走，边走边啄食。

分布地区：见于成都、金堂、广汉、德阳、绵阳、南充、遂宁、内江、宜宾、乐山、西昌、红原、若尔盖等地。

155 中白鹭 | *Ardea intermedia* Intermediate Egret

鉴别特征：中型涉禽，体长62～70厘米。全身白色，眼先黄色。夏羽背和前颈下部有长的披针形饰羽，向后超过尾端；冬羽背和前颈无饰羽。虹膜淡黄色；嘴黄色，先端黑色；腿及脚黑色。

生活习性：栖息和活动于河流、湖泊、河口、海边和水塘岸边浅水处及河滩上，也常在沼泽和水稻田中活动。常单独或成对或成小群活动，有时也与其他鹭混群。警惕性强。飞行时颈缩成“S”形，两脚直伸向后，超出尾外，两翅鼓动缓慢，飞行从容不迫，且呈直线飞行。

主要以鱼类、虾、蛙、蝗虫、蝼蛄等水生和陆生昆虫等小型动物为食。常沿水边浅水处轻轻涉水觅食，也常静立于浅水中或水边等待猎物到来，然后突然以快速而准确的动作捕食。

分布地区：见于成都、金堂、广汉、德阳、绵阳、南充、遂宁、达州、泸州、内江、宜宾、乐山、雅安、西昌等地。

156 白鹭 | *Egretta garzetta* Little Egret

鉴别特征：中型涉禽，体长52～68厘米。嘴、脚较长，趾黄绿色，颈甚长，全身白色。繁殖期枕部着生两根狭长而软的矛状饰羽。背和前颈亦着生长的蓑羽。眼先裸出部分夏季粉红色，冬季黄绿色。虹膜黄色；嘴黑色；腿及脚黑色。

生活习性：栖息于平原、丘陵和低海拔之湖泊、溪流、水塘、水田、河口、水库、江河与沼泽地带。喜集群，常呈3～5只或10余只的小群活动于水边浅水处。晚上在栖息地集成数十、数百甚至上千只的大群，白天则分散成小群活动。

以各种小鱼、黄鳝、泥鳅、蛙、虾、水蛭、蜻蜓幼虫、蝼蛄、蟋蟀、蚂蚁、蛴螬、鞘翅目及鳞翅目幼虫、水生昆虫等动物性食物为食，也吃少量谷物等植物性食物。

分布地区：四川各地、市、州广泛分布。

22.鹈鹕科 Pelecanidae （1种）

157 白鹈鹕 | *Pelecanus onocrotalus* Great White Pelican

鉴别特征：大型水禽，体长约160厘米。通体白色。头后具短的羽冠。胸部具淡黄色羽簇。嘴长而粗直，钴蓝色，嘴下有一橙黄色皮囊。黑色的眼位于粉黄色的脸斑上极为醒目。飞羽黑色。虹膜红色；嘴铅蓝色；脚肉红色。

生活习性：主要栖息于湖泊、江河、沿海和沼泽地带。常成群生活，善于飞行和善于游泳。飞行时头部向后缩，颈弯曲成“S”形。

主要以鱼类为食，觅食时从高空直扎入水中。

分布地区：2003年9月在南充市西北郊外舞凤山下发现16只白鹈鹕，疑为动物园逃逸或放归个体。

XI.鹰形目ACCIPITRIFORMES

23.鹗科 Pandionidae （1种）

158 鹗 | *Pandion haliaetus* Osprey

鉴别特征：体型中等，体长约60厘米。头白色，上体暗褐色，头顶具有黑褐色纵纹。头侧有一条宽阔的黑带从前额过眼到后颈部。下体白色，具赤褐色斑纹。飞行时，双翼呈狭长形，翼下为白色。虹膜黄色；嘴黑色，蜡膜灰色；脚灰色。

生活习性：栖息于湖泊、河流、海岸或开阔地，尤其喜欢在山地森林中的河谷或有树木的水域地带，常单独或成对活动，多在水面缓慢地低空飞行，有时也在高空翱翔和盘旋。

主要以鱼类为食，有时也捕食蛙、蜥蜴、小型鸟类等其他小型陆栖动物。

分布地区：偶见于南充、绵阳、广元、西昌、金堂等地。

24.鹰科 Accipitridae（2种）

159 玉带海雕 | *Haliaeetus leucoryphus* Pallas's Fish Eagle

资料图片 曾元福/摄

鉴别特征：大型猛禽，身长76～84厘米。嘴稍细，头、颈较长。上体暗褐色，头顶赭褐色，羽毛呈矛纹状并具淡棕色条纹。颈部的羽毛较长，呈披针形。肩部羽具棕色条纹，下背和腰羽端棕黄色。尾羽为圆形，暗褐色，尾羽中间具一道宽阔约10厘米的白色横带斑。虹膜淡黄或黄色；嘴黑色或铅色，蜡膜和嘴裂淡灰色；脚黄色。

生活习性：栖息于有湖泊、河流和水塘等水域的开阔地区，无论是平原还是高原湖泊地区均有栖息，在湖泊岸边吃淡水鱼和雁鸭等水禽。在草原及荒漠地带以旱獭、黄鼠、鼠兔等啮齿动物为主要食物。活动高度可达海拔3 200～4 700米。

分布地区：见于松潘、红原、若尔盖、阿坝、石渠等地。

160 白尾海雕 | *Haliaeetus albicilla* White-tailed Sea Eagle

资料图片 曾元福/摄

鉴别特征： 大型猛禽，体长84～91厘米。头、颈淡黄褐色或沙褐色，具暗褐色羽轴纹，前额基部尤浅。上体多为暗褐色，下体颏、喉淡黄褐色，胸部羽毛呈披针形，淡褐色，具暗褐色羽轴纹和淡色羽缘。腰及尾上覆羽暗棕褐色，具暗褐色羽轴纹和斑纹，尾羽呈楔形，为纯白色。虹膜黄色；嘴和蜡膜为黄色；脚黄色。

生活习性： 栖息于湖泊、河流、海岸、岛屿及河口地区，繁殖期间尤其喜欢在有高大树木的水域或森林地区的开阔湖泊与河流地带。主要以鱼为食，常在水面低空飞行，发现鱼后用爪伸入水中抓取。此外也吃野鸭、大雁、天鹅、雉鸡、鼠类、野兔、狍子等，有时还吃动物尸体。

分布地区： 见于红原、若尔盖、阿坝、雅安、西昌等地。

Ⅻ.鸮形目 STRIGIFORMES

25.鸱鸮科 Strigidae （1种）

161 黄腿渔鸮 | *Ketupa flavipes* Tawny Fish Owl

鉴别特征：大型鸮类，体长58～63厘米。具明显的耳羽簇和白色的喉斑。前额至上背，包括肩羽在内的上体橙褐色，具宽阔的黑褐色羽干纹，除后颈和上背外，各羽两翈还具淡棕色块斑。两翼黑褐色。飞羽和尾羽具橙棕色横斑和端斑。下体橙棕色，具暗褐色羽干纹，跗跖上部被羽。虹膜黄色；嘴角质黑色；蜡膜暗绿色；脚灰色。

生活习性：栖息于溪流、河谷等水域附近的阔叶林和林缘次生林中，常单独活动，主要在下午和黄昏外出捕食，以鱼类为食，兼食鼠类、昆虫、蛇、蛙、蜥蜴、蟹和鸟类。

分布地区：偶见于广元、青川和绵阳等地。

向葵/摄

黄腿渔鸮幼鸟

XIII.佛法僧目 CORACIIFORMES

26.翠鸟科 Alcedinidae（4种）

162 白胸翡翠 | *Halcyon smyrnensis* White-throated Kingfisher

鉴别特征：中小型鸟类，体长26～30厘米。头、后颈、上背棕赤色；下背、腰、尾上覆羽、尾羽亮蓝色。翼也亮蓝色，初级飞羽端部黑褐色，中部内羽片为白色，飞行时形成一大白斑。颏、喉、前胸和胸部中央白色。虹膜褐色；嘴红色；脚红色。

生活习性：喜栖息于河流、湖泊岸边，以及稻田、塘库等水域环境。常单独活动，多站在水边的树枝或石头上，注视水面以待捕食。

主要以鱼虾、蟹和昆虫为食。

分布地区：见于南充、内江、宜宾、西昌、美姑、会东、米易等地。

163 蓝翡翠 | *Halcyon pileata* Black-capped Kingfisher

鉴别特征：中小型鸟类，体长26～32厘米。是一种以蓝色、白色及黑色为主的翡翠鸟。头部黑色，颈、喉及其胸部中央白色。上体其余为亮丽的蓝紫色。两胁及臀浅棕色。飞行时白色翼斑明显可见。虹膜深褐色；嘴、脚红色。

生活习性：以鱼为食，也吃虾、螃蟹、蟛蜞和各种昆虫。常单独站立于水域附近的电线杆顶端，或较为稀疏的枝丫上，伺机猎取食物。

分布地区：偶见于成都、金堂、广汉、德阳、绵阳、南充、遂宁、广元、雅安、西昌等地。

164 普通翠鸟　*Alcedo atthis*　Common Kingfisher

鉴别特征： 小型鸟类，体长16～17厘米。额至后颈蓝黑色，具翠蓝色横斑。颊部和耳羽锈红色，其后有一白斑。上体余部为钴蓝色，尾羽蓝绿色。胸、腹为棕红色。虹膜褐色；嘴黑或下颚橘黄色；脚红色。

生活习性： 栖息于有灌丛或疏林、水清澈而缓流的小河、溪涧、湖泊、塘库以及水田等水域。常单独或成对活动。性孤独，平时常独栖在近水边的树枝上或岩石上，伺机猎食。

食物以小鱼虾为主，兼吃甲壳类和多种水生昆虫，也啄食小型蛙类和少量水生植物。

分布地区： 见于四川盆地及其盆周山地地区。

165 冠鱼狗 | *Megaceryle lugubris* Crested Kingfisher

鉴别特征：体型较大，体长34～40厘米。头部和羽冠黑色而具白色斑纹。上体、翅及尾为灰黑色，均杂以白色斑点。喉、胸部浅棕色，下体其余部分为白色。胁与尾下覆羽具深色横斑。虹膜褐色；嘴、脚黑色。

生活习性：多栖息于林中溪流、山脚平原、灌丛或疏林、水清澈而缓流的小河、溪涧、湖泊等水域。常在江河、小溪、池塘以及沼泽地上空飞翔俯视觅食。

分布地区：见于四川盆地及其盆周山地地区。

参考文献

崔学振, 杨拉珠, 陈安康, 等. 1992. 泸沽湖、邛海越冬湿地鸟类调查[J]. 四川动物, 11(4): 27-28.

邓其祥, 胡锦矗, 余志伟,等. 1980. 南充地区鸟类调查报告. 南充师院学报(自然科学版), 2: 46-88，134，44.

邓其祥, 余志伟, 江明道. 1987. 四川几条江河水禽资源的调查[J]. 四川动物, 6(3): 44-45.

付长坤, 宗浩, 陈顺德, 等. 2014. 四川省鸟类物种增补与统计分析[J]. 四川林业科技, 35(4): 32-36.

顾海军, 张俊, 戴波, 等. 2011. 四川省鸟类新纪录——红胸黑雁[J]. 四川动物, 30(2): 235.

国家林业局. 2015. 中国湿地资源(四川卷)[M]. 北京: 中国林业出版社.

韩联宪, 韩奔, 梁丹,等. 2016. 亚洲钳嘴鹳在中国西南地区的扩散[J]. 四川动物, 35(1): 149-153.

李操, 张君, 王小琴, 等. 2004. 四川鸟类-新记录——白鹈鹕[J]. 四川动物, 23(1): 36-44.

李桂垣, 刘良才, 张瑞云, 等. 1963. 雅安鸟类調查报告[J]. 动物学杂志, 7(1): 19-22, 42.

李桂垣, 刘良才, 张瑞云, 等. 1976. 四川宝兴的鸟类区系[J]. 动物学报, 22(1): 101-114.

李桂垣. 1985. 四川资源动物志 第三卷 鸟类[M]. 成都: 四川人民出版社.

李桂垣. 1995. 四川鸟类原色图鉴[M]. 北京: 中国林业出版社.

李桂垣, 施白南, 赵尔宓. 1980. 四川资源动物志 第一卷 总论[M]. 成都: 四川人民出版社.

李艳红. 2013. 嘉陵江中游南充段水鸟资源与变迁[J]. 西华师范大学学报(自然科学版), 34(3): 229-235, 275.

李云, 韦毅, 董鑫, 等. 2020. 四川省湿地水鸟资源现状与保护[J]. 四川动物, 39(6): 1847-1857.

廖颖, 陈顺德, 黎霞, 等. 2012. 四川鸟类新纪录——红颈瓣蹼鹬[J]. 四川动物, 31(1): 112.

刘祯祥, 殷后盛. 2012. 四川鸟类新纪录——灰瓣蹼鹬[J]. 四川动物, 31(2): 263.

彭基泰, 钟祥清. 2005. 四川省甘孜藏族自治州鸟类野外识别保护手册[M]. 成都: 四川科学技术出版社.

阙品甲, 冉江洪. 2006. 四川鸟类-新记录——白嘴潜鸟[J]. 四川动物, 25(3): 551.

冉江洪, 李丽纯, 符建荣. 2005. 四川省鸟类种类记叙[J]. 四川动物, 24(1): 60-62.

冉江洪, 刘少英, 林强, 等. 1999. 四川省再次采获花田鸡[J]. 四川动物, 18(2): 79.

徐雨, 冉江洪, 岳碧松. 2008. 四川省鸟类种数的最新统计[J]. 四川动物, 27(3): 429-431.

杨骏, 冯亮, 张玻. 2016. 四川省鸟类新纪录——海南鳽[J]. 西华师范大学学报(自然科学版), 37(3): 256-257.

殷后盛, 刘祯祥. 2012. 四川省雅安市天全县发现一只雄性繁殖羽角鸊鷉[J]. 四川动物, 31(6):919.

殷后盛, 刘祯祥, 韩斌, 等. 2014. 四川省鸟类新纪录——灰尾漂鹬[J]. 四川动物, 33(5): 761.

余志伟, 邓其祥, 胡锦矗, 等. 1983. 卧龙自然保护区的脊椎动物[J]. 南充师院学报(自然科学版), 4(1): 6-56.

余志伟, 邓其祥, 李洪成, 等. 1984. 四川省鸟兽新纪录[J]. 四川动物, 3(1): 12-13.

余志伟, 周材权, 马丁•威廉姆斯,等. 1998. 二滩水库区鸟类调查报告[J]. 四川师范学院学报(自然科学版), 19(1): 81-83.

约翰•马敬能, 卡伦•菲利普斯, 何芬奇. 2000. 中国鸟类野外手册[M]. 长沙: 湖南教育出版社.

张俊, 张铭, 牛蜀军, 等. 2017. 四川广汉发现长嘴半蹼鹬和短尾贼鸥[J]. 动物学杂志, 52(1): 74, 114.

张俊范. 1997. 四川鸟类鉴定手册[M]. 北京: 中国林业出版社.

赵正阶. 2001. 中国鸟类志(上卷非雀形目)[M].长春: 吉林科学技术出版社.

郑光美. 2011. 中国鸟类分类与分布名录(第二版)[M]. 北京: 科学出版社.

郑光美. 2017. 中国鸟类分类与分布名录(第三版)[M]. 北京: 科学出版社.

郑雄, 邹顺刚, 喻晓钢, 等. 2017. 德阳市鸥形目鸟类资源多样性研究[J]. 四川林业科技, 38(3): 77-81.

钟荣祥, 高正发. 1994. 四川鸟类新纪录—大鸨[J]. 四川动物, 13(4): 170.

周材权, 余志伟, 李操, 等. 2002. 二滩水电站建成前后库区流域鸟类多样性初步研究[J]. 四川动物,(4): 214-218.

附 录

四川省受保护湿地水鸟名录

物种名	CITES	保护级别	备注
01鸿雁 *Anser cygnoid* Swan Goose		Ⅱ	
02白额雁 *Anser albifrons* Greater White-fronted Goose		Ⅱ	
03小白额雁*Anser erythropus* Lesser White-fronted Goose		Ⅱ	
04红胸黑雁 *Branta ruficollis* Red-breasted Goose	Ⅱ	Ⅱ	
05疣鼻天鹅 *Cygnus olor* Mute Swan		Ⅱ	
06小天鹅 *Cygnus columbianus* Tundra Swan		Ⅱ	
07大天鹅 *Cygnus cygnus* Whooper Swan		Ⅱ	
08鸳鸯 *Aix galericulata* Mandarin Duck		Ⅱ	
09棉凫 *Nettapus coromandelianus* Asian Pygmy Goose		Ⅱ	
10花脸鸭 *Sibirionetta formosa* Baikal Teal	Ⅱ	Ⅱ	
11青头潜鸭 *Aythya baeri* Baer's Pochard		Ⅰ	

物种名	CITES	保护级别	备注
12斑头秋沙鸭 *Mergellus albellus* Smew		Ⅱ	
13红胸秋沙鸭 *Mergus serrator* Red-breasted Merganser		省	
14中华秋沙鸭 *Mergus squamatus* Scaly-sided Merganser		Ⅰ	
15小䴙䴘 *Tachybaptus ruficollis* Little Grebe		省	
16赤颈䴙䴘 *Podiceps grisegena* Red-necked Grebe		Ⅱ	
17凤头䴙䴘 *Podiceps cristatus* Great Crested Grebe		省	
18角䴙䴘 *Podiceps auritus* Horned Grebe		Ⅱ	
19黑颈䴙䴘 *Podiceps nigricollis* Black-necked Grebe		Ⅱ	
20大红鹳 *Phoenicopterus roseus* Greater Flamingo	Ⅱ		
21大鸨 *Otis tarda* Great Bustard	Ⅱ	Ⅰ	
22小鸨 *Tetrax tetrax* Little Bustard	Ⅱ	Ⅰ	
23花田鸡 *Coturnicops exquisitus* Swinhoe's Rail		Ⅱ	
24棕背田鸡 *Zapornia bicolor* Black-tailed Crake		Ⅱ	
25红胸田鸡 *Zapornia fusca* Ruddy-breasted Crake		省	
26斑胁田鸡 *Zapornia paykullii* Band-bellied Crake		Ⅱ	
27董鸡 *Gallicrex cinerea* Watercock		省	
28紫水鸡 *Porphyrio porphyrio* Purple Swamphen		Ⅱ	
29黑水鸡 *Gallinula chloropus* Common Moorhen		省	
30蓑羽鹤 *Grus virgo* Demoiselle Crane	Ⅱ	Ⅱ	

物种名	CITES	保护级别	备注
31灰鹤 *Grus grus* Common Crane	Ⅱ	Ⅱ	
32黑颈鹤 *Grus nigricollis* Black-necked Crane	Ⅰ	Ⅰ	
33鹮嘴鹬 *Ibidorhyncha struthersii* Ibisbill		Ⅱ	
34彩鹬 *Rostratula benghalensis* Greater Painted Snipe		省	
35水雉 *Hydrophasianus chirurgus* Pheasant-tailed Jacana		Ⅱ	
36林沙锥 *Gallinago nemoricola* Wood Snipe		Ⅱ	
37小杓鹬 *Numenius minutes* Little Curlew		Ⅱ	
38白腰杓鹬 *Numenius arquata* Eurasian Curlew		Ⅱ	
39大杓鹬*Numenius madagascariensis* Eastern Curlew		Ⅱ	
40鹤鹬 *Tringa erythropus* Spotted Redshank		省	
41翻石鹬*Arenaria interpres* Ruddy Turnstone		Ⅱ	
42棕头鸥 *Chroicocephalus brunnicephalus* Brown-headed Gull		省	
43小鸥 *Hydrocoloeus minutes* Little Gull		Ⅱ	
44黑尾鸥 *Larus crassirostris* Black-tailed Gull		省	
45西伯利亚银鸥 *Larus smithsonianus* Siberian Gull		省	
46普通燕鸥 *Sterna hirundo* Common Tern		省	
47彩鹳 *Mycteria leucocephala* Painted Stork		Ⅰ	
48黑鹳 *Ciconia nigra* Black Stork	Ⅱ	Ⅰ	

物种名	CITES	保护级别	备注
49东方白鹳 *Ciconia boyciana* Oriental Stork	Ⅰ	Ⅰ	
50秃鹳 *Leptoptilos javanicus* Lesser Adjutant Stork		Ⅱ	
51普通鸬鹚 *Phalacrocorax carbo* Great Cormorant		省	
52黑头白鹮 *Threskiornis melanocephalus* Black-headed Ibis		Ⅰ	
53彩鹮 *Plegadis falcinellus* Glossy Ibis		Ⅰ	
54白琵鹭 *Platalea leucorodia* Eurasian Spoonbill	Ⅱ	Ⅱ	
55黑脸琵鹭 *Platalea minor* Black-faced Spoonbill		Ⅰ	
56大麻鳽 *Botaurus stellaris* Eurasian Bittern		省	
57黄斑苇鳽 *Ixobrychus sinensis* Yellow Bittern		省	
58紫背苇鳽 *Ixobrychus eurhythmus* Von Schrenck's Bittern		省	
59栗苇鳽 *Ixobrychus cinnamomeus* Cinnamon Bittern		省	
60黑苇鳽 *Ixobrychus flavicollis* Black Bittern		省	
61海南鳽 *Gorsachius magnificus* White-eared Night Heron		Ⅰ	
62绿鹭 *Butorides striata* Striated Heron		省	
63中白鹭 *Ardea intermedia* Intermediate Egret		省	
64白鹈鹕 *Pelecanus onocrotalus* Great White Pelican		Ⅰ	
65鹗 *Pandion haliaetus* Osprey	Ⅱ	Ⅱ	

物种名	CITES	保护级别	备注
66玉带海雕 *Haliaeetus leucoryphus* Pallas's Fish Eagle	Ⅱ	Ⅰ	
67白尾海雕 *Haliaeetus albicilla* White-tailed Sea Eagle	Ⅰ	Ⅰ	
68黄腿渔鸮 *Ketupa flavipes* Tawny Fish Owl	Ⅱ	Ⅱ	
69白胸翡翠 *Halcyon smyrnensis* White-throated Kingfisher		Ⅱ	

注：1.CITES栏中Ⅰ为《濒危野生动植物种国际贸易公约》附录Ⅰ，Ⅱ为附录Ⅱ。保护级别栏中Ⅰ为国家一级保护动物，Ⅱ为国家二级保护动物，省为四川省重点保护动物。

2.此名录按照2021年2月5日，国家林业和草原局、农业农村部联合颁布的《国家重点保护野生动物名录》进行修订。